Werner Stiell

Fenster erneuern

Werner Stiell

Fenster erneuern

Planung | Ausführung | Fehlervermeidung

Fraunhofer IRB Verlag

Bibliografische Information der Deutschen Nationalbibliothek:
Die Deutsche Nationalbibliothek verzeichnet diese Publikation in der Deutschen Nationalbibliografie; detaillierte bibliografische Daten sind im Internet über www.dnb.de abrufbar.

ISBN (Print): 978-3-7388-0640-3
ISBN (E-Book): 978-3-7388-0641-0

Herstellung: Gabriele Wicker
Umschlaggestaltung: Martin Kjer
Satz: GreenTomato GmbH, Stuttgart
Druck: Offizin Scheufele Druck & Medien GmbH + Co. KG
2. Nachdruck, März 2024

Fraunhofer-Informationszentrum Raum und Bau IRB
Nobelstraße 12, 70569 Stuttgart
Telefon +49 711 970-2500
Telefax +49 711 970-2508
irb@irb.fraunhofer.de
www.baufachinformation.de

Inhaltsverzeichnis

1 Vorbemerkungen aus der Sicht des Sachverständigen

Bauarbeiten an Bestandsgebäuden unterscheiden sich grundlegend von Neubaumaßnahmen und bedürfen besonderer Fachkenntnis. Die Erneuerung von Fenstern im Bestand umfasst eine ganze Reihe von baulichen Maßnahmen, die sorgfältig geplant, koordiniert und ausgeführt werden müssen. Im Rahmen der Tätigkeit als Sachverständiger trifft man auf eine Vielzahl unterschiedlicher Bausituationen, in denen erneuerte Fenster nicht den Sollvorgaben entsprechen. Oft stellt sich dann die Frage, ob die Fenster dennoch fachgerecht eingebaut wurden.

Obwohl die theoretischen Vorgaben für den Einbau von Fenstern in Regelwerken ([38], [44]) umfangreich beschrieben sind, sieht die praktische Ausführung teilweise abweichend aus. In diesem Buch geht es dem Autor nicht darum, die theoretischen Grundlagen des Fenstereinbaus infrage zu stellen. Vielmehr erläutert der Verfasser Abweichungen, die sich in der Praxis häufig beim Vergleich vom Sollzustand zum Istzustand ergeben und nennt die Gründe, weshalb es dazu kommt. Die verwendeten Fallbeispiele und Fotos stammen aus der langjährigen Gutachtertätigkeit des Autors. Aufgrund der Erfahrungen aus einer Vielzahl von Gutachten, oft in gerichtlichem Auftrag, oft für private Auftraggeber erstellt, lässt sich feststellen, dass grundlegende handwerkliche Ausführungen den Anforderungen an neue Fenster in Bestandsgebäuden nicht immer genügen. Abweichungen und Fehler in der Montageausführung entstehen häufig und oft führen sie erst später, im Gebrauch, zu negativen Auswirkungen und zum Ärgernis beim Bauherrn.

Wenn bei Abweichungen zwischen dem ausgeführten Istzustand und dem erwarteten Sollzustand keine Klärung zwischen dem Ausführenden der Fenstermontage und dem Bauherrn erreicht wird, ist eine gerichtliche Auseinandersetzung meistens unabdingbar. Zur Klärung des technischen Sachverhaltes beauftragt das Gericht in der Regel einen fachkundigen Sachverständigen zur Beweiserfassung.

Mit dem gerichtlichen Auftrag an den öffentlich bestellten und vereidigten Sachverständigen erstellt dieser das Gutachten in einem schriftlichen Dokument. Bei Bausachen, wie dem Austausch von Fenstern im Bestand, ist eine Objektbesich-

Bild 1: Mängel nach erfolgter Fenstermontage, die Nacharbeiten notwendig machen

tigung erforderlich, um die Vor-Ort-Verhältnisse aufzunehmen. Mit den aus dem Ortstermin gewonnenen Erkenntnissen, eventuell mit den Ergebnissen von Messungen, den Recherchen zum Sachverhalt und den fachlichen Beurteilungen des Sachverständigen wird der Sachverhalt auf die gestellten Fragen im Gutachten beantwortet. Dabei hat der öffentlich bestellte und vereidigte Sachverständige das Gutachten persönlich, unabhängig, unparteilich, weisungsfrei und gewissenhaft zu erstellen und dabei die Vorgaben der Sachverständigenverordnung SVO, Absatz 9 [6] zu beachten:

»Der Sachverständige hat seine Aufträge unter Berücksichtigung des aktuellen Standes von Wissenschaft, Technik und Erfahrung mit der Sorgfalt eines ordentlichen Sachverständigen zu erledigen. Die tatsächlichen Grundlagen seiner fachlichen Beurteilungen sind sorgfältig zu ermitteln und die Ergebnisse nachvollziehbar zu begründen«.

Unterschiedliche Meinungen zwischen Ausführenden und Besteller über die Qualität einer Fenstermontage enden beim *Sachverständigen für die Beurteilung der Fenstererneuerung im Bestandbau*. Der muss oft feststellen, dass die Ausführungen jeglichen Regeln widersprechen. Dabei hat er oftmals auch mit gewerkeübergreifenden Fragen zu tun.

Es gibt Beispiele, bei denen die Baustelle nach erfolgter Montagearbeit in einem für den Bauherrn unzumutbaren Zustand verlassen wurde. Bild 1 zeigt ein solches Beispiel. Die bei der Fenstermontage verursachten Schäden sollten hier nach Auffassung des Ausführenden offenbar nachfolgend durch Beiputzarbeiten repariert werden. Diese Nacharbeiten gehören jedoch ebenso zum Fenstertausch wie die

Bild 2: Zum Fenstertausch gehört auch die raumseitige Abdichtung.

raumseitige Abdichtung, die in diesem Fall unzulässigerweise dem nachfolgenden Gewerk überlassen wurde (Bild 2).

Die wichtigsten Normen, Richtlinien und Merkblätter für den fachgerechten Einbau von Fenstern, auf die im Folgenden immer wieder verwiesen wird, sind im Literaturanhang dieses Buchs zusammengestellt (siehe auch Kapitel 3). Bei der Fenstererneuerung weicht die Ausführung häufig von den in diesen Regelwerken enthaltenen Vorgaben ab. Aus Sicht des Sachverständigen gilt es von Fall zu Fall abzuwägen, ob Abweichungen akzeptabel sind und ein Fenster bzw. ein ausgeführtes Detail in dem vermeintlich fehlerhaften Zustand trotzdem seine Funktion erfüllen kann. Unter diesem Gesichtspunkt werden in diesem Buch praktische Ausführungen bei der Fenstermontage im Bestand anhand von positiven und negativen Ausführungsbeispielen beschrieben. Ziel ist es dabei, aus Fehlern zu lernen, da sich in der Praxis doch erhebliche Schwachstellen zeigen, die vermeidbar sind. Allerdings ist die Beurteilung einer mangelfreien Ausführung im Vergleich der vereinbarten Soll-Beschaffenheit mit der ausgeführten Ist-Beschaffenheit auf der Basis von Regelwerken eine schwierige und oftmals komplexe Aufgabe.

2 Überlegungen zur Fenstererneuerung

Neue Fenster für Bestandsgebäude sind nicht nur bei einer Komplettsanierung wie in Bild 3 erforderlich. Auch zur energetischen Sanierung im Bestand gehört neben der Fassaden- und Dachdämmung der Fensteraustausch (Bild 4).

Mit Rücksicht auf den Klimaschutz und zur Werterhaltung des Altbaus sind Überlegungen zur Fenstererneuerung heute hoch aktuell. Eine Sanierung der Fenster kann einen Anteil von ca. 20 % Energieersparnis bedeuten und damit auch zu einer Verringerung der CO_2-Emissionen beitragen. Damit kann die energetische Fenstersanierung einen Beitrag zur Reduzierung der Umweltbelastung leisten. Aus diesem Grund setzt die Bundesregierung in ihrem aktuellen Klimaschutzprogramm mit der *Energetischen Sanierungsmaßnahmen-Verordnung ESanMV* [8] finanzielle Anreize zur Fenstererneuerung. Weitere aktuelle Förderprogramme für die Fenstererneuerung werden über die Kreditanstalt für Wiederaufbau, KfW, angeboten. Hiermit lässt sich die Fenstererneuerung durch eine Fachfirma staatlich fördern. Für die Förderung muss ein Fachberater hinzugezogen werden. Die Fördermittel müssen vor der Ausführung beantragt und genehmigt werden.

Bild 3: Bestandsbauten lassen sich mit Komplettsanierung und mit neuen Fenstern wieder in einen aktuellen Nutzungszustand bringen.

Bild 4: Erfolgreiche Fenstererneuerung im Bestand

Gründe für die Erneuerung von Fenstern

- Moderne Fenster haben eine hohe Wärmedämmung und reduzieren die Heizkosten,
- sie verringern die CO_2-Emissionen und tragen zum Klimaschutz bei,
- sie sind dichter als alte Fenster und verhindern Luftzugerscheinungen,
- ihre Bedienbarkeit ist einfacher und sicherer,
- ihr Wartungsaufwand ist geringer,
- sie gewährleisten eine bessere Schalldämmung und einen höheren Schutz gegen Einbruch,
- sie verbessern die Behaglichkeit und erhöhen die Wohnraumqualität.

Aus einer im Jahr 2010 vom Verband Fenster und Fassade *VFF* [65] veröffentlichten Statistik zum Fensterbestand in Deutschland geht hervor, dass ein sehr hoher Bedarf an Fenstererneuerungen besteht. Betrachtet man Altfenster mit Einfachverglasung (Typ 1), Verbund- und Kastenfenster (Typ 2) sowie Fenster mit unbeschichtetem Isolierglas (Typ 3) aus Tabelle 1 nach dem heutigen Sachstand als sanierungswürdig, ergibt sich eine Zahl von rund 250 Millionen erneuerungsbedürftigen Fenstern in Deutschland.

Tabelle 1: Fensterbestand in Deutschland

		Mio. FE
Typ 1	Fenster mit Einfachglas	17
Typ 2	Verbund- und Kastenfenster	44
Typ 3	Fenster mit unbeschichtetem Isolierglas	205
Typ 4	Fenster mit Zweischeiben-Wärmedämmglas (Low-E)	289
Typ 5	Fenster mit Dreischeiben-Wärmedämmglas (Low-E)	55
Gesamt		**610**

Für die Fenstererneuerung bietet der Markt eine Vielzahl an Systemen von Kunststofffenstern, Holzfenstern und Holz-Aluminiumfenstern an. Im Wohnungsbau werden für die Altbausanierung vorwiegend Kunststofffenster eingesetzt. Nach der VFF-Studie [65] ergeben sich die in Tabelle 2 gegenübergestellten Markt- und Kostenanteile.

Tabelle 2: Gegenüberstellung des Markt- und Kostenanteils unterschiedlicher Fensterarten

Fensterart	Marktanteil	Kostenvergleich
Holz	15 %	100 %
Holz-Alu	9 %	124 %
Kunststoff	58 %	75 %

Aus Tabelle 2 lässt sich ein signifikanter Markt- und Kostenanteil von Kunststofffenstern ablesen, weshalb nachfolgend der Schwerpunkt auf Kunststofffenster gelegt wird.

Die Auswahl des Fenstersystems obliegt dem Wohnungseigentümer und wird meistens durch den Planer fachlich unterstützt, wobei auch die Beratung des Fensterherstellers Einfluss nehmen kann. Wer eine Eigentumswohnung in einem Mehrfamilienhaus besitzt, ist Teil einer Wohnungseigentümergemeinschaft. In dem Fall zählen die Fenster zum Gemeinschaftseigentum. Der Fensteraustausch in der Eigentumswohnung bedarf deshalb der vorherigen Zustimmung der Eigentümergemeinschaft. Der Wohnungsinhaber kann in der Eigentümerversammlung seine Wünsche zur Wahl der neuen Fenster äußern.

Bild 5: Beispiel für CE-Zeichen für Fenster [59]

Bild 6: Beispiel für eine erfolgreiche Fenstererneuerung mit Kunststofffenstern an einem typischen Mehrfamilien-Stadthaus

Bei der Systemauswahl des neu einzubauenden Fenstertyps ist eine vorherige Musterbetrachtung sinnvoll. Bei der Farbwahl sollten außer ästhetischen auch technische Aspekte berücksichtigt werden. Weiße Kunststoffprofile sind hinsichtlich der Temperaturaufladung bei Sonneneinwirkung unkritischer gegenüber dunkleren Oberflächen.

Hinsichtlich der Wärmedämmung ist zur Erfüllung des Gebäudeenergiegesetzes GEG [3] für Fenstererneuerung im Bestand für Fenster ein Wärmedurchgangskoeffizient $U_W \leq 1{,}3\,W/m^2K$ erforderlich. Dieser Wert kann mit Dreifach-Isolierglasscheiben erreicht werden, sie verfügen über einen Wärmedurchgangskoeffizienten von $U_g \leq 0{,}7\,W/m^2K$. Allerdings entstehen je nach Fenstergröße hohe Glasgewichte, die Beschläge mit ausreichender hoher Tragkraft erforderlich machen. Dies ist besonders bei Fenstertüren, wie Balkon- oder Terrassentüren, zu beachten.

Kunststofffenster, Holzfenster und Holz-Aluminiumfenster benötigen ein CE-Zeichen [59]. Ein Fenster ist ein Bauprodukt, welches nach dem Bauproduktgesetz [2] nur in den Verkehr gebracht und frei gehandelt werden darf, wenn es nach § 5 brauchbar und nach § 8 aufgrund nachgewiesener Konformität mit dem CE-Zeichen nach § 12 gekennzeichnet ist. Ein Bauprodukt ist brauchbar, wenn es den wesentlichen Anforderungen der DIN EN 14351-1 *Fenster und Türen – Produktnorm, Leistungseigenschaften* [32] entspricht und dementsprechend mit dem CE-Zeichen (Bild 5) gekennzeichnet werden darf.

Bild 7: Fenstererneuerung mit Kunststofffenstern an typischen Mehrfamilienhäusern in Verbindung mit Fassadenarbeiten für ein Wärmedämmverbundsystem

Bild 8: Erneuerte Holzfenster an einem denkmalgeschützten Gebäude

Bei bewohnten Wohnungen sollten die Überlegungen zur Fenstererneuerung unbedingt mit den Bewohnern abgestimmt werden, da der Fensterausbau erhebliche Störungen im Alltagsablauf verursachen kann und Maßnahmen zum Staubschutz und zusätzlichen Reinigungsaufwand erfordert.

3 Planungsphase mit Ausschreibung

Beabsichtigen Bauherren eine Fenstererneuerung, so benötigen sie eine Planung inklusive einer Bestandsaufnahme sowie einen Sanierungsfahrplan. Hierfür ist vielfach die Expertise von Fensterfachleuten gefragt, die hinsichtlich der technischen und finanziellen Maßnahmen beraten können. Diese Beratung erfordert fundiertes Fachwissen. Nicht jeder sogenannte Fenstersanierer, der sich als Fachmann bezeichnet, kann die Anforderungen an die erforderliche technische Qualität bei der Fenstererneuerung im Bestandsbau erfüllen. Bei einer größeren Sanierungsmaßnahme, wie etwa im Geschosswohnungsbau, ist eine Planung erforderlich, die in der Regel in das Sachgebiet qualifizierter Architekten oder Fenster- und Fassadenberater fällt. Hier wird der Architekt bzw. die Architektin ein Leistungsverzeichnis für die Ausschreibung erstellen und dabei auf die technischen Regelwerke verweisen.

Die erforderlichen technischen Vorgaben sind zusammengefasst im *Leitfaden zur Planung und Ausführung der Montage von Fenstern und Haustüren* [38], [44].

Für die handwerkliche Ausführung sind die Vorgaben der Vergabe- und Bedingungsverordnung für Bauleistungen VOB Teil C [10] mit den wichtigsten Normen zu beachten.

DIN 18339	Klempnerarbeiten [14]
DIN 18345	Wärmedämmverbundsysteme [15]
DIN 18350	Putz- und Stuckarbeiten [16]
DIN 18355	Tischlerarbeiten [17] (gilt auch für Kunststofffenster!)
DIN 18360	Metallbauarbeiten [18]
DIN 18361	Verglasungsarbeiten [19]
DIN 18540	Abdichtungen von Außenwandfugen im Hochbau mit Fugendichtstoffen [20]
DIN 18542	Abdichten von Außenwandfugen mit imprägnierten Fugendichtungsbändern aus Schaumkunststoff [22]

Bereits in der Vorplanung ist eine sachliche, individuelle Beurteilung und Bewertung der vorgesehenen Fenstererneuerung unter Einbeziehung der Regelvorgaben im Hinblick auf die Gebrauchstauglichkeit während einer üblichen Nutzungszeit sinnvoll. Es sollte jedoch beachtet werden, dass Regelwerke lediglich Handlungsempfehlungen für Planer und Ausführende darstellen. Viele Vorgaben aus den Regelwerken sind Kompromisse, die sich aus Diskussionen in Ausschüssen, bauphysikalischen Grundlagen und handwerklichen Erfahrungen ergeben. Eine strikte Anwendung technischer Regeln garantiert nicht immer eine fehlerfreie Ausführung. Die Annahme, man sei bei Einhaltung der DIN-Normen auf der sicheren Seite und das Bauteil sei daher mangelfrei, ist oftmals ein Trugschluss. DIN-Normen stellen keine Rechtsnormen dar, sondern sind lediglich private technische Regelungen mit Empfehlungscharakter, es sein denn, es wird in Gesetzen oder Verordnungen auf sie verwiesen. Die Regelwerke sollen der Schadenfreiheit von eingebauten Fenstern über die vorgesehene Nutzungsdauer bei üblicher Instandhaltung dienen.

Fenster in Bestandsgebäuden werden handwerklich und unter Berücksichtigung der Bedürfnisse der Bewohner bzw. Nutzer eingebaut. Ausführungsfehler lassen sich leider nicht immer vermeiden. Sie lassen sich aber reduzieren durch die Beauftragung besonders qualifizierter Handwerker, eine sorgfältige Koordination, Erfahrungswerte und Fachwissen. Handwerksregeln, die sich in der Praxis bewährt haben, sind in der Richtlinie *Handwerkliche Montage von Fenstern und Außentüren im Gebäudebestand* [40] zusammengefasst.

In der Planungsphase ist, neben der Auswahl der neuen Fenster, auch der Altbestand zu berücksichtigen. In älteren Bestandsbauten sind häufig Holzfenster eingebaut, die den energetischen und gebrauchstauglichen Standards nicht mehr entsprechen. Eine Ortsbesichtigung zur Begutachtung der eingebauten Altfenster ist unbedingt erforderlich, um die notwendigen Maßnahmen im Vorfeld zu erkennen und den Bauherren in Kenntnis zu setzen.

Die Wichtigkeit einer vorausschauenden Planung für die fachgerechte Umsetzung der Arbeiten darf nicht unterschätzt werden. In der Planung muss eine technisch richtige Antwort für die objektspezifische bauliche Situation gefunden werden. Die Prüfung der Bausubstanz mit den vorhandenen Putzschichten im Bereich der Fensterlaibungen auf ihre Eignung zur Fenstererneuerung ist erforderlich, um spätere bauseitige Probleme beim Einbau der neuen Fenster zu vermeiden. Eine Sichtprüfung durch eine Fachkraft und handwerkliche Klopfproben sind im Allgemeinen ausreichend, um die Fragen zu klären, die vor Beginn der Arbeiten festzulegen sind.

In der Vorplanung zu klären: Fragen zur Montagetechnik

- Wie können die alten Fenster ohne Putzschäden ausgebaut werden?
- Wie können außenseitige Metallfensterbänke unbeschädigt und ohne Putzausbrüche ausgebaut und wiederverwendet werden?
- Wie kann die raumseitige luftdichte Abdichtung bei Beibehaltung der vorhandenen Laibungsputzschicht erfolgen?
- Wie kann die außenseitige regendichte Abdichtung bei vorhandenen Außenputzschichten erfolgen?
- Wie ist der Übergang zum vorhandenen Rollladenkasten ausgebildet?
- Wo liegen die Rollladenführungsprofile, wenn die Lage der Rollladenwelle für den Neueinbau der Kunststofffenster beibehalten werden soll?
- Wie kann die Fensterbank auf der Außenseite fachgerecht eingebaut werden und wie sind die Abdichtungen an den Enden auszuführen?
- Wie wird die Abdichtung bei Beibehaltung der raumseitigen Fensterbank ausgeführt?
- Wie ist die Koordination nach dem Einbau der Fenster mit den erforderlichen Gewerken, wie Beiputzarbeiten oder Wärmedämmverbundsystem, geregelt?

Der Erfolg einer Fenstererneuerung wird von der Sorgfalt in der Vorbereitungsphase und der konsequenten Beachtung der vorgenannten Planungsmerkmale bestimmt.

Erst nach der Bestandsaufnahme kann die technische Ausführung festgelegt werden, um darauf aufbauend ein Leistungsverzeichnis oder ein Angebot zu erstellen. Eigentümer von Einzel- oder Reihenhäusern oder von Eigentumswohnungen wenden sich meistens direkt an Fensteranbieter. Im Rahmen einer Ortsbesichtigung werden die Kundenwünsche sowie der Gebäudezustand und die örtlichen Gegebenheiten aufgenommen. Aus dieser Grundlage wird ein Angebot mit den Angaben für die technische Umsetzung für die Fenstererneuerung erstellt. Bei der Auswahl des Fenstersystems sollten Kunden die Angaben im Angebot zum Ausbau mit Entsorgung des Altfensters und zum Einbau des neuen Fensters genau beachten. Für den Einbau des neuen Fensters ist im Angebot oft der Hinweis enthalten *Einbau nach RAL-Montage*. Eine RAL-Montage im Sinne des Wortes gibt es nicht, wie aus dem Vorwort zum *Leitfaden zur Montage* [44] hervorgeht.

Der Einbau der Fenster im Bestandsbau muss nach den anerkannten Regeln der Technik erfolgen. Für die Montage gelten vor allem die Richtlinien

- *Leitfaden zur Planung und Ausführung der Montage von Fenstern und Haustüren* [44] der RAL Gütegemeinschaft Fenster und Haustüren e. V. (Hrsg.),
- *Leitfaden zur Planung und Ausführung der Montage von Fenstern und Haustüren für Neubau und Renovierung, Technische Richtlinie TR 20,* des Bundesinnungsverbands des Glaserhandwerks, Verband Fenster + Fassade und RAL-Gütegemeinschaft Fenster und Haustüren e. V. (Hrsg.) [38].

Besondere Regeln können bei denkmalgeschützten Gebäuden gelten. Die Fenstererneuerung am Denkmal ist baugenehmigungspflichtig [48].

Vielfach lassen sich aber auch Angebotstexte finden, die sich nur auf das Nötigste beschränken. Bei den in Bild 9 wiedergegeben Originaltexten aus Angeboten für die Fenstererneuerung ist nicht erkennbar, ob beim Einbau eine fachgerechte Ausführung erfolgen wird.

Die Angabe im Angebot lässt nicht immer eine fachgerechte Ausführung erwarten. Der Auftraggeber sollte vom Anbieter zusätzliche Informationen anfordern, eventuell auch Referenzobjekte mit Ausführungsbeispielen. Aus Sicht des Sachverständigen sollten alle technischen Merkmale aus dem Angebot ersichtlich sein. Für die Bewertung der Ausführung ist eine Fotodokumentation hilfreich, die einen Vergleich des Istzustands mit dem Sollzustand ermöglicht.

MONTAGE nach der neuesten EnEV (Energie-Einspar-Verordnung)

VOB, Teil C DIN 18355

die Abdichtung zwischen den Außenbauteilen und Baukörper muss umlaufend dauerhaft schlagregendicht sein. Anschlussfugen sind innenseitig dauerhaft luftundurchlässig abzudichten.

* RAL-Abdichtung innen diffusionsdicht
* RAL-Abdichtung außen diffusionsoffen
* Demontage der bestehenden Elemente
* Montage nach Stand der Technik, Elemente setzen, verankern und schäumen
(Elementgröße bis 7 m²)

Fenster ausbauen und entsorgen

Neumontage mit Abdeckleisten
– nach Aufwand –

Bild 9: Ausschnitte aus Angebotstexten (Originalbeispiele)

4 So werden Altfenster ausgebaut

Die Gebrauchstauglichkeit der neu eingebauten Fenster wird entscheidend durch die fachgerechte Montage der Fenster in die vorhandene bauseitige Fensteröffnung bestimmt. Zunächst muss aber der Ausbau der Altfenster erfolgen. Beim Ausbau werden die wesentlichen Voraussetzungen für die nachfolgende technische Ausführung des Einbaus der Neufenster gelegt.

Im Bestand sind häufig Altfenster aus Holz anzutreffen. In der Fensteröffnung ist der Holzblendrahmen auf der Raumseite und auf der Außenseite in der Regel von einer Putzschicht von ca. 1 bis 2 cm überdeckt, wie die schematische Darstellung in Bild 10 mit den Pfeilen zeigt. Der eingeputzte Holzrahmen ist der Einbauzustand, den man in bisherigen Ausführungen vielfach vorfindet.

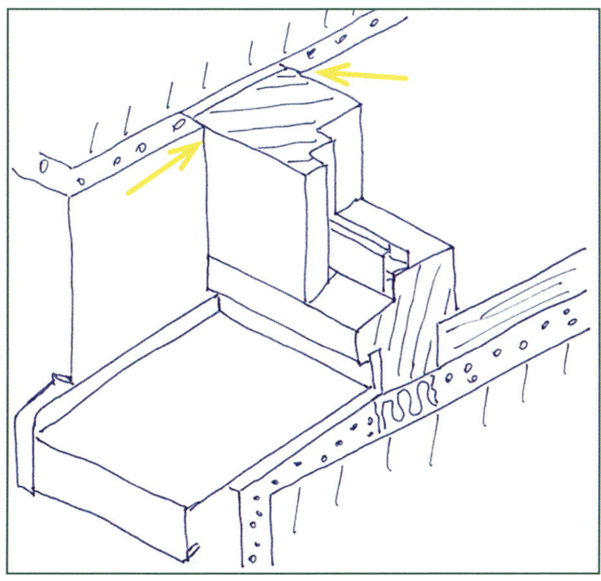

Bild 10: Typische Lage des eingeputzten Altfensters

Bild 11: Mit professionellen Hand-Maschinen entsteht ein fachgerechter Ausbau.

Bild 12: Handelsübliche Fenstertrennsäge

Beim Fensterneueinbau ist die Beibehaltung der Putzschichten eine wesentliche Grundlage für den späteren Erfolg der Montage der Neufenster. Deshalb sind entscheidende Maßnahmen beim Ausbau der Altfenster zu beachten. Der Ausbau ist mit höchster Präzision auszuführen, damit Putzausbrüche vermieden werden und die Schmutzbelastung im Wohnraum gering bleibt.

Zum Freiräumen der Fensteröffnung für das neue Fenster muss der Holzblendrahmen vollständig ausgebaut werden. Dabei sind Schädigungen in den vorhandenen Putzschichten zu vermeiden.

Um das Altfenster möglichst ohne Putzausbrüche aus der Fensterlaibung zu entfernen, sind folgende handwerkliche Grundsätze zu beachten:

1. Der Fensterflügel wird aus der Beschlaglage ausgebaut. Bei einem Altfenster mit Rollladen ist der Rollladendeckel zu entfernen, um den Blendrahmen im oberen Bereich freizulegen. Im unteren horizontalen Bereich befindet sich raumseitig meistens eine Steinfensterbank. Hier ist die eventuell vorhandene Dichtstofffuge aufzuschneiden.
2. Mit der sogenannten Fenstertrennsäge (Bild 12) sind die raumseitigen Fugen rundum einzufräsen. Die Befestigung der Altfenster erfolgte früher mit sogenannten Bankeisen oder Metallschlaudern, die sich unter der raumseitigen Putzschicht befinden. Mit der Fenstertrennsäge entsteht ein Schlitz zwischen Blendrahmen und Putzschicht und gleichzeitig werden die nicht sichtbaren Befestigungen durchtrennt. Die Restteile der Befestigung verbleiben unter der Putzschicht. Der Schlitzvorgang wird bei Bedarf auch auf der Außenseite durchgeführt.

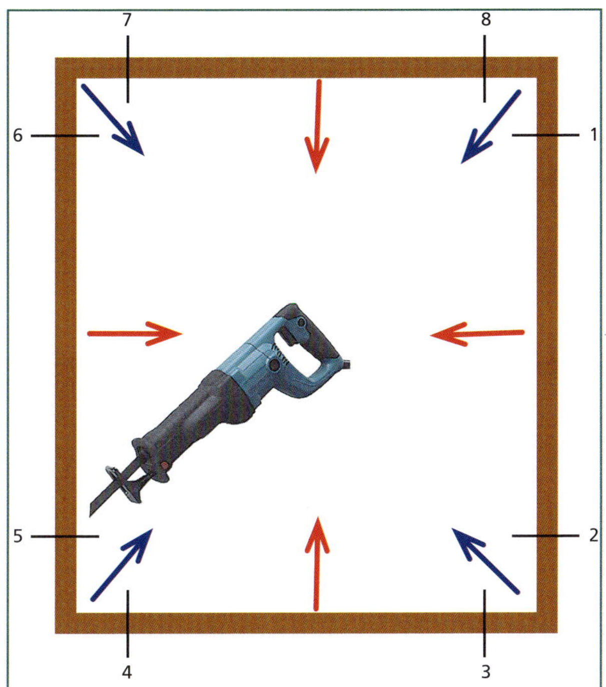

Bild 13: Typischer Ausbau des Altfensters mit Trennschnitten im Uhrzeigersystem

Hat die außenseitige Metall-Fensterbank an den Enden eine feste Aufkantung, die in die Außenputzschicht eingebunden ist, wird hier ebenso mit der Fenstertrennsäge ein Fugenschnitt oberhalb der Aufkantung eingefräst. Nach Entfernen der Befestigungsschrauben kann die alte Fensterbank vorsichtig aus der bisherigen Lage herausgezogen werden, ohne Putzausbrüche an den außenseitigen Fensterlaibungen.

3. Nachdem die Fuge zwischen Blendrahmen und Putz rundum eingefräst wurde, wird mit der Säbelsäge der Blendrahmen vorsichtig quer durchtrennt. Die acht möglichen Trennschnitte erfolgen im Uhrzeigersinn an den in Bild 13 beispielhaft dargestellten Stellen.
4. Im nächsten Arbeitsschritt wird das Blendrahmenteil 1-2 aus der Einbaulage vorsichtig mit einem geeigneten »Kuhfuß« herausgehebelt. Anschließend werden die Blendrahmen Ecke 2-3 und weiterführend die Stücke 3-4 herausgehebelt und fortlaufend im Uhrzeigersinn die restlichen Blendrahmenteile.
   Beim Heraushebeln ist besonders darauf zu achten, dass die Blendrahmenteile nicht verkantet aus der Lage herausgebrochen werden, damit die Putzkanten nicht beschädigt werden. Der Freiraum, in dem bisher der Holzblendrahmen eingeputzt war, wird vorsichtig von losen Teilen freigekehrt. Beim sorgfältigen Ausführen der Arbeitsschritte 1 bis 4 verbleiben die vorhandenen Putzschichten ohne Ausbrüche. Dies ist entscheidend für die raum- und außenseitige Abdichtung der Anschlussfugen.

Die ausgebauten Flügel mit den Glasscheiben und die Rahmenteile müssen umweltverträglich entsorgt werden. Hierzu unterstützen Fachfirmen mit entsprechender Baustellenlogistik die Abholung und sichern mit einem zuverlässigen Fensterrecycling die Verwertung und die Entsorgung der Reststoffe unter Einhaltung des Abfallgesetzes [4]. Die fachgerechte Entsorgung sollte auch im Angebot des Fensterbauers enthalten sein.

Bei Abweichen von den zuvor genannten handwerklichen Grundsätzen beim Ausbau der Altfenster können erhebliche Putzausbrüche in den Fensterlaibungen entstehen, die den Erfolg und das Ergebnis des Fensteraustausches erheblich mindern und zu zusätzlichen Kosten für Beiputzarbeiten (durch ein anderes Handwerksgewerk) führen.

Aus der Sachverständigentätigkeit lassen sich verschiedene Erkenntnisse zum Ausbau von Altfenstern gewinnen. Bild 14 bis Bild 19 zeigen einige negative Beispiele, bei denen der Istzustand vom erforderlichen Sollzustand erheblich abweicht, und die beim fachgerechten Ausbau der Altfenster vermeidbar sind.

In manchen Fällen ist der Ausbau der Altfenster nur durch Öffnen der Fassade möglich. In einer Bausituation wie in Bild 20 ist die Demontage der Fassadenverkleidungen erforderlich, um das Altfenster für den Ausbau freizulegen. Dabei ist besondere Vorsicht geboten.

Die ausgebauten Einzelteile der Fassadenverkleidungen müssen nach dem Einbau der neuen Fenster wieder in die ursprüngliche Einbausituation eingepasst werden. Hierbei besteht oft die Schwierigkeit, dass die Fassadenteile aufgrund des neu eingebauten Fensters nicht mehr vollständig in die ursprüngliche Position passen oder Fehlöffnungen entstehen.

Müssen Ersatzverkleidungen verwendet werden, um eine geschlossene Fassade wiederherzustellen, entstehen unweigerlich Farbabweichungen zu den Bestandselementen. Dieser Sachverhalt ist in der Vorplanung zu berücksichtigen. Des Weiteren muss der Bauherr auf die möglichen Veränderungen in der Ansichtsfläche hingewiesen werden.

Bild 14: Ausbau von Altfenstern mit großem händischen Kraftaufwand führt zu Putzausbrüchen in der raumseitigen Fensterlaibung.

Bild 15: Wenn die Schlauder vom Altfenster aus der Putzschicht herausgerissen werden, entstehen zusätzliche Beiputzarbeiten.

Bild 16: Partielle Putzausbrüche in der außenseitigen Fensterlaibung erfordern zusätzliche Beiputzarbeiten und örtlichen Fassadenanstrich.

Bild 17: Mit Hammer und Meißel lassen sich die Altfensterbänke ohne Putzausbrüche nicht fachgerecht ausbauen. Es entstehen zusätzliche Beiputzarbeiten.

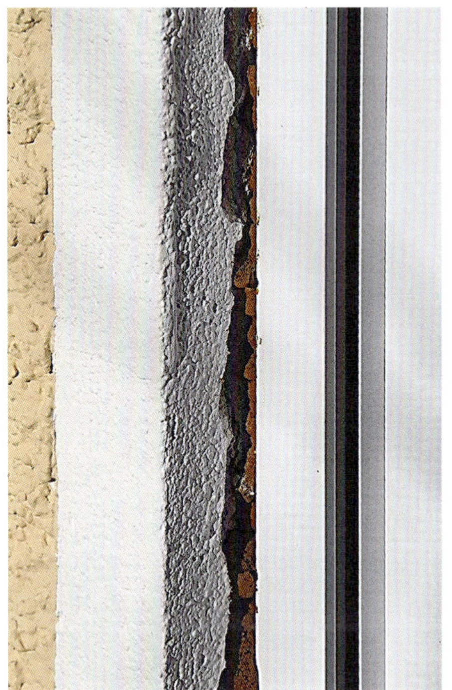

Bild 18: Ergebnis der außenseitigen Fensterlaibung beim Ausbau des Altfensters mit Hammer und Meißel

Bild 19: Außenseitige Fensterlaibung beim Ausbau des Altfensters mit Hammer und Meißel

Bild 20: Ausbau eines Altfensters aus einer Fassade

5 Betrachtungen zur Fenstergröße

Bei der Ermittlung der Fenstergröße ist die exakte Einbaulage des neuen Fensters zu beachten. Bild 21 zeigt schematisch die typische Einbausituation eines eingeputzten Altfensters. Das Fenster (hier beispielhaft dargestellt als Holzfenster nach DIN 68121 [28]) wird ohne Beschädigung der Putzkanten und ohne Putzausbrüche ausgebaut. Im entstehenden Freiraum der Mauerwerkslaibung sitzt das neue Kunststofffenster zwischen den seitlichen Putzschichten, da die Rahmendicke größer ist als das Altfenster.

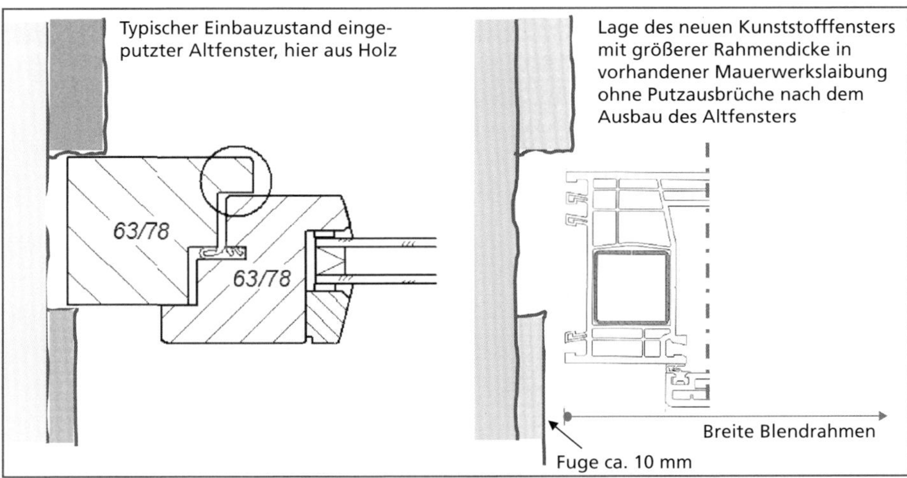

Bild 21: Aus der Lage des Altfensters (links) ergibt sich nach dem Ausbau die Lage des neuen Kunststofffensters (rechts).

Bei Beibehaltung der Putzschichten in den Fensterlaibungen richtet sich die Fenstergröße nach dem lichten Maß zwischen den raumseitigen Putzlaibungen mit einem Abzug von ca. 15 bis 20 mm. Damit entsteht an jeder senkrechten Seite eine Fuge von mindestens ca. 10 mm. Auf diese Notwendigkeit wurde bereits 1985 in einer Veröffentlichung des Autors hingewiesen, die im BundesBauBlatt BBB [52] als Auszug aus dem Forschungsbericht *Anschluss Fenster zum Baukörper*

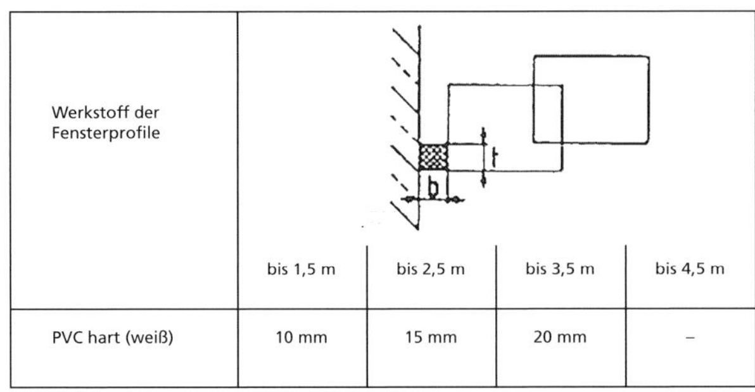

Werkstoff der Fensterprofile	bis 1,5 m	bis 2,5 m	bis 3,5 m	bis 4,5 m
PVC hart (weiß)	10 mm	15 mm	20 mm	–

Bild 22: Einzuhaltende Fugenbreiten für Kunststofffenster: Auszug aus BBauBl 1985, Heft 5, Seite 291 [52]

[56] des Instituts für Fenstertechnik, Rosenheim erschienen ist. Die grundsätzlichen physikalischen Bewegungszustände eingebauter Fenster und die daraus abzuleitenden Fugenbreiten waren damals schon bekannt (Bild 22). Sie sind auch noch heute gültig und zu beachten.

Die raumseitigen Abmessungen der lichten Fensteröffnung vom linken zum rechten vertikalen Laibungsputz müssen vor Ort ermittelt werden. Hieraus ergibt sich mit dem entsprechenden Abzug das neue Fenstermaß in der Breite. Dasselbe gilt für die Ermittlung des Höhenmaßes. Hier sind die Vorgaben des bestehenden Rollladenkastens zu beachten, um einen einwandfreien Einlauf des Rollladens zu ermöglichen. Im unteren Anschluss ist die Lage der vorhandenen raumseitigen und außenseitigen Fensterbank zu berücksichtigen.

Bei der Ermittlung der Fenstergröße für das neue Fenster ist beim Einbau daher die vorliegende Altbausituation besonders zu beachten. Wenn eventuell der vorhandene Rollladen einschließlich Rollladenkasten erhalten bleiben soll, ist besonders die Lage des neuen Fensters hinsichtlich des Übergangs zu den neuen Rollladenführungsprofilen zu klären. Das gleiche gilt im Prinzip auch für die außenseitige Fensterbank, jedoch wird bei Außenfensterbänken fast immer eine neue Fensterbank aus Aluminium zum Einsatz kommen, damit das neue Fenster insgesamt einen wertigen Eindruck vermittelt.

6 Das Ebenenmodell als Grundlage der Anschlussfuge

Bei den Betrachtungen zum Sachverhalt der Fenstermontage im Bestandsbau gelten die theoretischen Vorgaben für den Einbau von Fenstern aus den Montageleitfäden [38] und [44], die vom Institut für Fenstertechnik, ift Rosenheim, erarbeitet wurden und als anerkannte Regeln der Technik zu betrachten sind.

Dabei leitet sich die Betrachtung vom Ebenenmodell eines Dachaufbaus ab. Projiziert auf den Fenstereinbau erfolgt ausgehend von der Anschlussfuge zwischen Fenster und Baukörper eine Einteilung in drei Funktionsebenen. Die schematische Einteilung der drei Funktionsebenen im Ebenenmodell zeigt Bild 23.

Der Einbau von neuen Fenstern muss nach den Grundsätzen erfolgen, die sich aus dem Ebenenmodell ergeben. Dabei ist zu berücksichtigen, dass die fachgerechte Umsetzung im Bestandsbau schwieriger und teilweise umfangreicher ist als im Neubau und die Machbarkeit beachtet werden muss. Wichtig ist aber, dass die Ausführung funktionssicher ist, ohne wesentliche Einschränkung in der Gebrauchstauglichkeit.

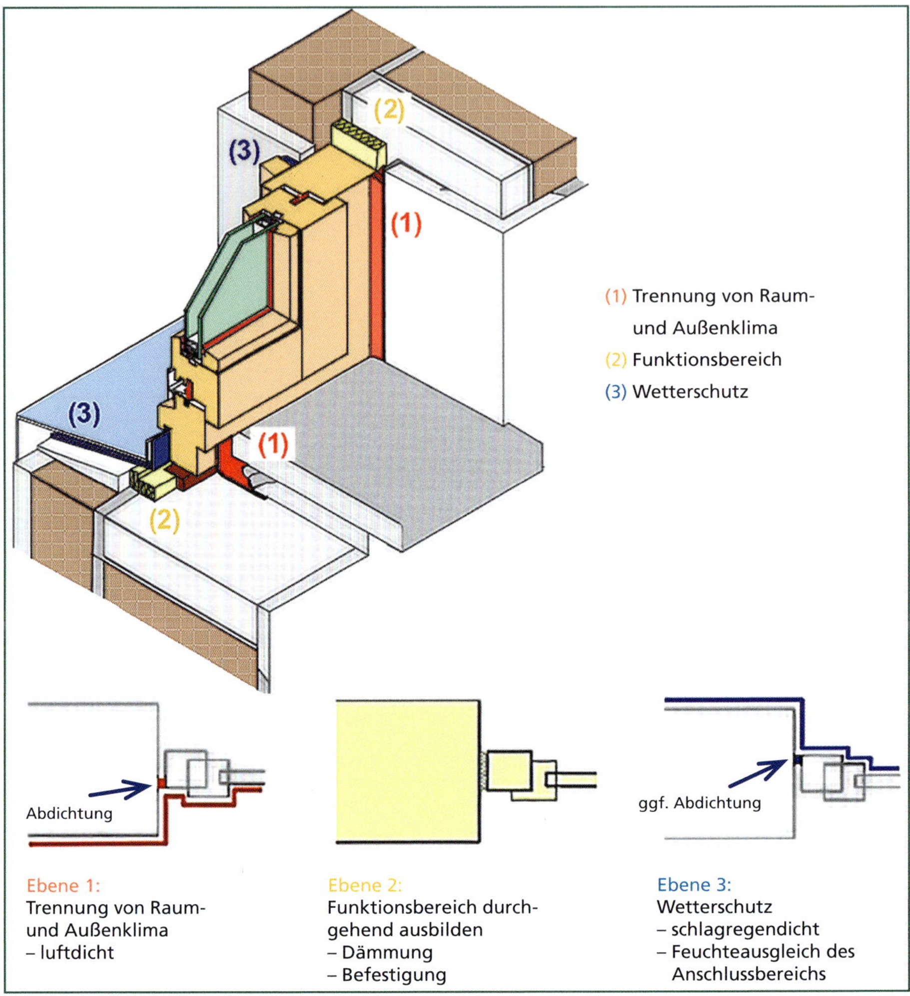

Ebene 1:
Trennung von Raum- und Außenklima
- luftdicht

Ebene 2:
Funktionsbereich durchgehend ausbilden
- Dämmung
- Befestigung

Ebene 3:
Wetterschutz
- schlagregendicht
- Feuchteausgleich des Anschlussbereichs

Bild 23: Darstellung der drei Ebenen in der Anschlussfolge [38], S. 16] [44], S. 15]

7 Die Funktionsebene 1 in der Anschlussfuge

Die Ebene 1 befindet sich auf der Raumseite und ist umlaufend, ohne Unterbrechungen. Sie bildet die Trennung von Raum- und Außenklima. In dieser Ebene befindet sich die raumseitige Abdichtung, die nach der Energieeinsparverordnung *EnEV* [7] und dem GEG [3] luftdicht sein muss. Diese Anforderung ist ebenfalls in der, auch für Kunststofffenster geltenden, DIN 18355 *Tischlerarbeiten* [17] in Abschnitt 3.5.3.3 festgelegt. Dort heißt es: »*Anschlussfugen sind innenseitig dauerhaft luftundurchlässig abzudichten*«. Die gewählte Abdichtungsart muss den bauphysikalischen Diffussionsgrundsatz »*innen dichter als außen*« erfüllen.

Bei einer Abdichtung mit Dichtstoffen ist eine Mindestfugenbreite von ca.10 mm vorzusehen, aus der sich indirekt das Fenstermaß ergibt. Zwingende Voraussetzung für die Abdichtung sind geeignete Fugenflanken, da Unebenheiten im Laibungsbereich keine fachgerechte Abdichtung zulassen.

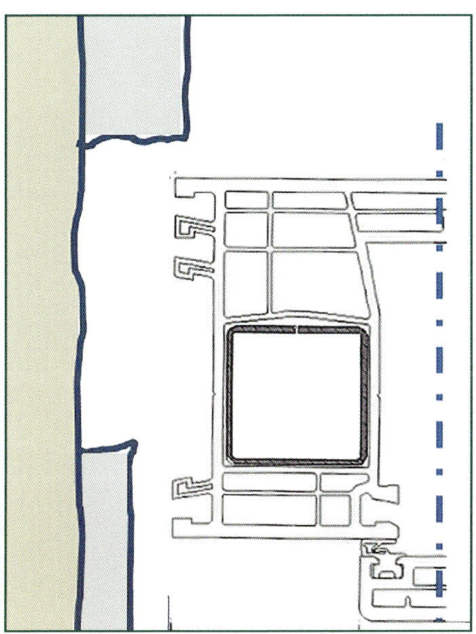

Bild 24: Istzustand für die Lage des neuen Kunststofffensters nach dem Ausbau des Altfensters, ohne Putzausbrüche in den Fensterleibungen

Um diese Anforderungen beim Fensteraustausch zu erfüllen, ergeben sich verschiedene Lösungen zur Ausführung. Ausgangspunkt ist die Lage des neuen Fensters nach dem Ausbau des Altfensters, wie in Bild 24 an einem typischen Profil eines Kunststofffensters zu erkennen ist.

7.1 Anschlussfuge mit Dichtstoff

Es ergibt sich eine raumseitige Anschlussfuge zwischen Blendrahmen und der vorhandenen Putzschicht, die sich für eine Fugenabdichtung mit Dichtstoff eignet. Hierzu ist ein systemkonformes Füllprofil in die bauseitige Blendrahmenprofilierung stramm einzusetzen. Das runde Hinterfüllprofil ist ein extrudiertes geschlossenzelliges Polyethylen (PE) nach DIN 18540 [20], es begrenzt die Fugentiefe. Für die raumseitige Abdichtung bietet sich ein geeigneter Dichtstoff nach DIN EN 15651-1 [33] auf Acrylbasis an, der bei einer Wandanstrichrenovierung überstreichbar ist. Bei fachgerechter Ausführung wird die Anschlussfuge luftdicht abgeschlossen (Bild 25).

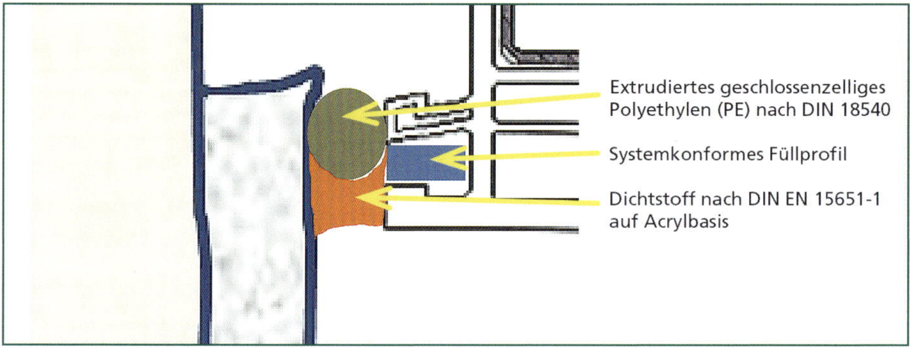

Bild 25: Schematische Darstellung der raumseitigen Anschlussfuge mit Dichtstoff

Die Abdichtung der Anschlussfuge auf der Raumseite wird bei Putzlaibungen vorzugsweise mit einem Dichtstoff auf Acrylbasis ausgeführt. Bei solchen Abdichtungen kann ein nachfolgender Innenanstrich der Laibungen mit Dispersionsfarbe auch auf der Dichtstoffoberfläche erfolgen. Bei Dichtstoffen auf Acrylbasis ist in der Regel eine Verträglichkeit mit Dispersionsanstrichen gegeben. Bei Dichtstoffen auf Silikonbasis entsteht eine Unverträglichkeit mit Anstrichen, womit eine Überstreichbarkeit nicht gegeben ist [64].

Bild 26 zeigt fachgerechte Anschlussfugen mit einem Dichtstoff, die eine luftdichte Ausführung erzeugen.

Bild 26: Fachgerechte Dichtstofffugen

Bild 27: Istzustand von nicht fachgerechten Dichtstofffugen

Eine technisch fachgerechte Ausführung bei der Verarbeitung von Dichtstoffen bedarf der Übung und handwerklichen Geschicks. Manche Fugenabdichtungen zeigen Ausführungen, die nicht akzeptabel sind (Bild 27).

7.2 Anschlussfuge mit vorkomprimiertem Dichtband

Die Lage des neuen Kunststofffensters nach dem Ausbau des Altfensters wurde im Vorgenannten gezeigt. Die raumseitige Anschlusssituation ergibt eine Anschlussfuge zwischen dem Blendrahmen und der vorhandenen Putzschicht. Diese Anschlussfuge eignet sich für eine Fugenabdichtung mit einem komprimierten Dichtband nach DIN 18542 [23], wie es Bild 28 zeigt. Das fachgerechte Einbringen des Dichtbandes, in der vom Hersteller vorgegebenen Materialdicke, ist unbedingt einzuhalten, damit mit der Kompression des expandierten Dichtbandes eine luftdichte Abdichtung entsteht. Eine optische Abdeckung der Anschlussfuge mit einem aufgeklebten Abdeckprofil ist erforderlich. Hierfür bietet der Markt geeignete Profile in unterschiedlichen Ausführungen an, die rückseitig mit einem vollflächigen Hochleistungsklebeband bestückt sind.

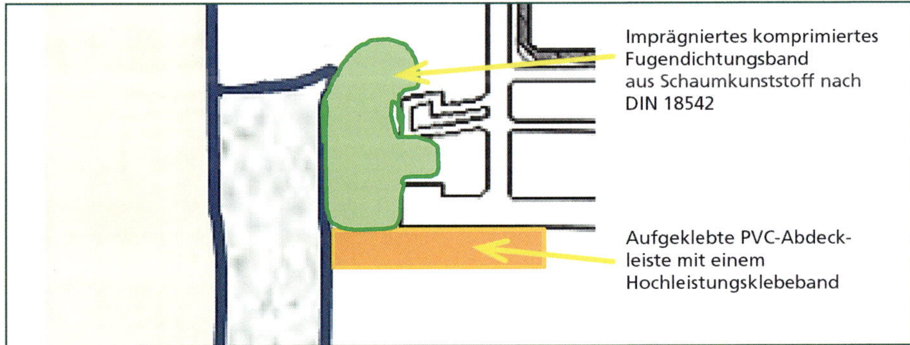

Bild 28: Schematische Darstellung der Abdichtung der Anschlussfuge auf der Raumseite mit vorkomprimiertem Dichtband und Abdeckung durch eine PVC-Leiste

Bild 29: Sollzustand einer fachgerechten Ausführung bei einem raumseitigen Anschluss mit einem komprimierten Fugendichtband und einer vorgesetzten PVC-Abdeckleiste mit Dichtlippe

Bild 30: Istzustand mit Spaltbildungen zwischen der Dichtlippe der Abdeckleiste und der Putzschicht

Man kann davon ausgehen, dass bei richtiger Komprimierung des Dichtbandes eine luftdichte Abdichtung erzeugt werden kann. Die zusätzliche Abdeckung der Anschlussfuge durch eine aufgeklebte Profilleiste ist als visuelle Einsichtssperre erforderlich (Bild 29).

Bei der beschriebenen Konstruktion der Anschlussfuge kann es im Laufe der Nutzung durch temperaturbedingte Bewegungen des Rahmenprofils zu Spaltbildungen kommen. Die an der Abdeckleiste angebrachte kleine Dichtlippe ist oftmals nicht in der Lage, den Dichtschluss selbst bei kleinen Bewegungen sicherzustellen (Bild 30).

7.3 Anschlussfuge mit dem Verleistungssystem

Die raumseitige Abdeckung der Anschlussfuge kann auch durch ein geeignetes Verleistungssystem erfolgen, das einen sauberen raumseitigen Abschluss bildet (Bild 31). Das Verleistungssystem mit einem vorkomprimierten Dichtband ist auch in DIN 4108-7 [26] als Abdichtung der Anschlussfuge bei raumseitig verputztem Mauerwerk als Beispiel aufgeführt. Bei diesem System muss sichergestellt werden, dass durch die Komprimierung des Dichtbandes ein luftdichter Anschluss entsteht.

Der Markt bietet verschiedene Verleistungssysteme an, von denen ein prüftechnischer Nachweis der Dichtfunktion nachzuweisen ist. Zwei Beispiele zeigen die schematischen Darstellungen in Bild 32 und Bild 33.

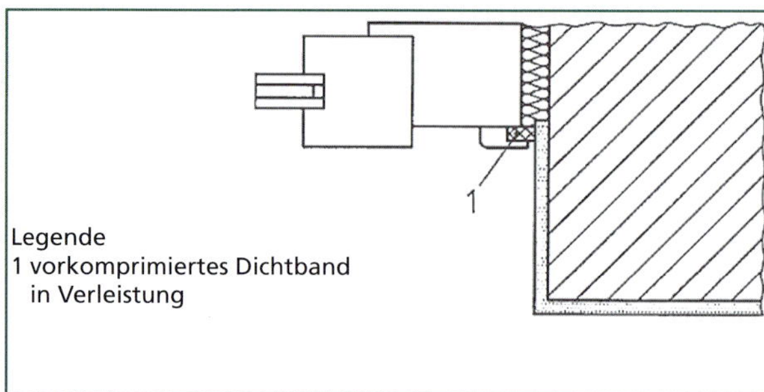

Bild 31: Beispiel zur Abdichtung der Fuge zwischen Fensterblendrahmen und verputztem Mauerwerk mit vorkomprimiertem Dichtband [DIN 4108-7, Bild 26]

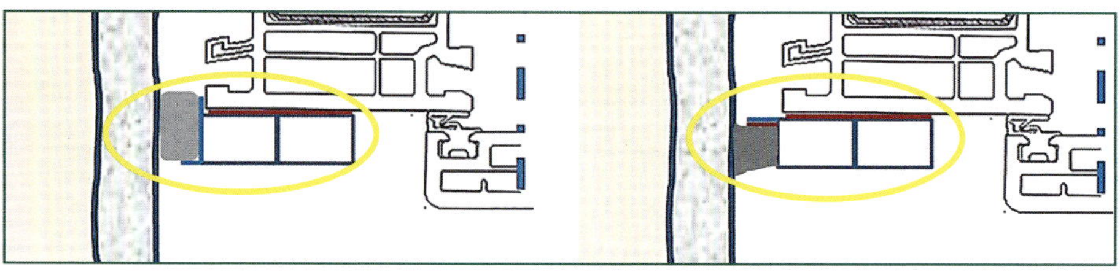

Bild 32: Verleistungssystem mit einem vorkomprimierten Dichtband

Bild 33: Verleistungssystem mit einer Dichtlippe und einer zusätzlichen Abdichtung mit Dichtstoff

Die Befestigung der Verleistung des PVC-Profils am PVC-Blendrahmenprofil erfolgt über ein Hochleistungsklebeband. Solche doppelseitigen Klebebänder aus Acryl-Klebstoff werden auch zur Sprossenklebung oder im Automobilbereich verwendet. Die Verarbeitungsvorgabe und Haftflächenvorbereitung ist bei der Anwendung einzuhalten.

Verleistungssysteme funktionieren nur, wenn die Klebung zum PVC-Profil mit einem hochwertigen Klebeband ausgeführt wurde (Bild 34). Diese Sollvorgabe wird nicht immer eingehalten. Nacharbeiten mit einer Dichtstoff-Verschmierung können den Istzustand nicht verbessern. Eine gelöste Klebung ist mit einem dünnen Metallmessstab zu erkennen, wenn dieser widerstandsfrei in den Klebebereich eingeschoben werden kann (Bild 35).

Bei manchen Fenstererneuerungen wird auch die raumseitige Fensterbank erneuert. Bei freiliegender unterer Anschlussfuge ist die Anwendung von geeigneten Folien angebracht (Bild 36). Hierbei muss der Grundsatz »*innen dichter als außen*« beachtet werden. Die raumseitige Folie muss deshalb möglichst dampfdicht sein. Das Anbringen mit geeignetem Kleber erfordert handwerkliches Geschick, damit ein dichter Anschluss entsteht. Die nachträglich einzubauende Fensterbank deckt sodann Unregelmäßigkeiten in der Folienanlage ab.

Bild 34: Sollzustand mit einem Verleistungssystem

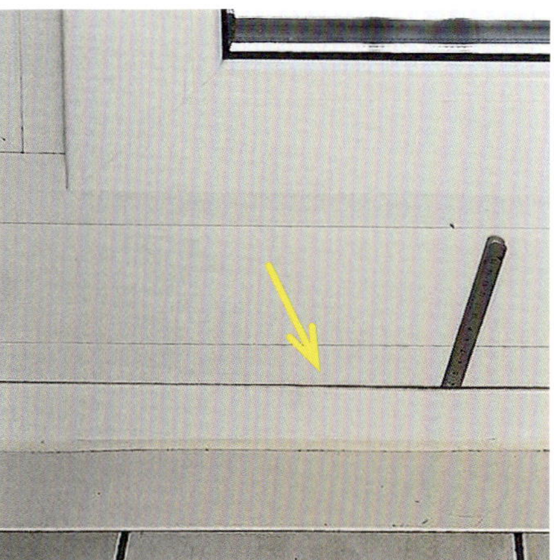

Bild 35: Fehlerhafter Istzustand mit gelösten Klebungen

Bild 36: Beispiel für die dampfdichte Folienlage unter der noch zu montierenden raumseitigen Fensterbank

7.4 Nachweis der Luftdichtheit der Anschlussfuge vor Ort

Die grundlegende Forderung an die raumseitige Anschlussfuge heißt: »*Anschlussfugen sind innenseitig dauerhaft luftundurchlässig abzudichten*«. Die Vorgabe für einen luftdichten Abschluss auf der Raumseite der Anschlussfuge zwischen Fenster und Baukörper ist seit jeher Bestandteil der Anforderungen, wie ein Blick in ältere Fachliteratur und Regelwerke zeigt.

Historische Entwicklung der Forderung nach Luftdichtheit der Anschlussfuge im technischen Regelwerk

1954 »*Die Fensterrahmen müssen nicht nur fest, sondern auch völlig luftdicht in den Maueranschlägen liegen. Das Abdichten kann nicht allein durch das Einputzen erzielt werden, sondern es sind verschiedene Dichtungsmittel vorzusehen.*« Aus dem Lehrbuch Der Fensterbau [58]

1987 »*Vor der Ausführung der Anschlussfugen an den Baukörper ist dessen Oberfläche betreffend Luft- und Dampfdichtheit vom Planer zu gewährleisten.*« Schweizerischen SZFF Norm 41.05 *Dichtheit und Feuchtigkeitsschutz bei Fenstern, Fassaden und deren Anschlüsse* [57], Abschnitt »*Anschlussfugen zum Baukörper*«

1977 »*Die sonstigen Fugen in der wärmeübertragenden Umfassungsfläche müssen dauerhaft und entsprechend dem Stand der Technik luftundurchlässig abgedichtet sein.*« Wärmeschutzverordnung [9], § 3 (2)

1994 Im ersten »*Leitfaden zur Montage*« ([44] rotes Heft) werden Vorgaben über die »*Dichtigkeit gegen Raumluft und Feuchte*« festgelegt. Diese Vorgaben werden in den nachfolgenden Ausgaben ausführlich ergänzt.

2010 In der neuen Ausgabe des »*Leitfaden zur Montage*« [44] sind Beispiele zur luftdichten Abdichtung auf der Raumseite aufgeführt.

2013 DIN 4108-2 *Mindestanforderungen für den Wärmeschutz* [27] fordert in Abschnitt 7: »*dass diese Fugen nach dem Stand der Technik dauerhaft und luftundurchlässig abgedichtet sind.*«

2019 VOB DIN 18355 Tischlerarbeiten [17], die auch für Kunststofffenster gilt, legt in Abschnitt 3.5.3.3 verbindlich fest: »*Anschlussfugen sind innenseitig dauerhaft luftundurchlässig abzudichten.*«

2020 Zu den anerkannten Regeln der Technik ist übergeordnet die bisherige Energieeinsparverordnung [7] zwingend zu beachten. Hier steht in § 6 (1):
»*Zu errichtende Gebäude sind so auszuführen, dass die wärmeübertragende Umfassungsfläche einschließlich der Fugen dauerhaft luftundurchlässig entsprechend den anerkannten Regeln der Technik abgedichtet ist. (...)*«

Der gleiche Text ist auch im aktuellen GebäudeEnergieGesetz GEG [3] in § 13 enthalten.

Der historische Rückblick zeigt, dass die Forderung zur luftundurchlässigen Ausführung der Anschlussfuge schon immer zu den anerkannten Regeln der Technik zählte.

Im Zuge der Entwicklung von Abdichtungen mit vorkomprimiertem Dichtband entstand bei den Normungsarbeiten der DIN 18542 [22] und [23] ein Prüfverfahren zur Messung der Luftdichtheit. Dabei konnte unter labormäßigen Bedingungen an einem Probekörper mit idealen Haftflächen und exaktem Komprimiergrad festgestellt werden, dass eine physikalisch luftdichte Abdichtung nicht gegeben war. Es wurde ein Grenzwert für die Luftdurchlässigkeit von $a < 0{,}1\ m^3/h\ m\ (daPa^{2/3})$ für die Beurteilung des zu untersuchenden vorkomprimierten Dichtbandes eingeführt.

DIN 4108-2 [27] *Mindestanforderung an den Wärmeschutz* gibt zur Luftdichtheit vor, dass aus einzelnen Teilen zusammengesetzte Bauteile oder Bauteilschichten unter Beachtung von DIN 4108-7 [26] *Luftdichtheit von Gebäuden* luftdicht ausgeführt sein müssen. Die im Laborversuch aus den Messergebnissen abgeleitete Luftdurchlässigkeit von Bauteilanschlussfugen muss auch hierbei kleiner als $0{,}1\ m^3/h\ m\ (daPa^{2/3})$ sein.

An Fenstern im Bestandsgebäude sind die labormäßigen Bedingungen nicht gegeben. Eine Beurteilung der Vorgabe »luftdicht« beschränkt sich somit auf erkennbare örtliche Leckagen. Damit stellt sich in der praktischen Ausführung die Frage, ob die Anforderung der luftdichten Anschlussfuge auf der Raumseite tatsächlich vorhanden ist.

Zur Klärung vor Ort, an den eingebauten Fenstern, bedarf es eines besonderen Verfahrens, das am besten in der kalten Jahreszeit, bei niedrigen Außentemperaturen durchführbar ist Das Messprinzip besteht aus einer Sichtbarmachung von undichten Stellen an der raumseitigen Anschlussfuge durch eine Thermografieaufnahme.

Für die Untersuchung wird in der Wohnungseingangstür eine Blowerdoor-Einrichtung eingebaut, mit der ein geringer Unterdruck von < 50 Pa in der Wohnung erzeugt wird. Durch eine undichte Fuge strömt kalte Außenluft in den Raum ein, wodurch eine geringfügige Abkühlung an der einströmenden Stelle entsteht. In der Thermografieaufnahme wird sichtbar, wie sich die Oberflächentemperaturen in diesem Bereich verändern. Unterschiedliche Temperaturen werden in unterschiedlichen Farben abgebildet.

Bei dem Beispiel in Bild 37 sind die undichten Stellen an einem festverglasten Fensterelement an den blauen Farbfeldern als Temperaturfahnen gut zu erkennen. Mit diesem Verfahren wird durch den farblichen Unterschied der Temperatur-

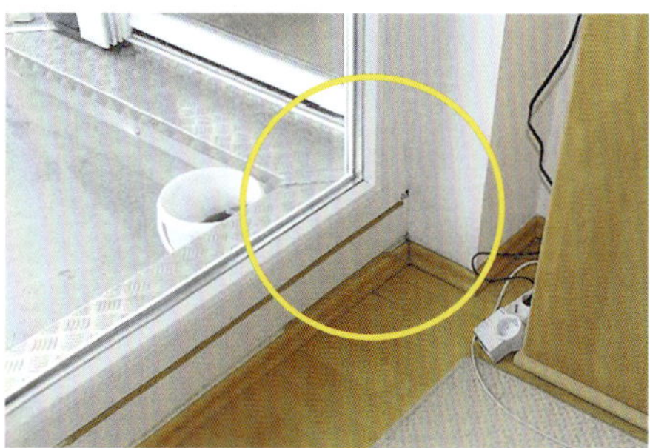

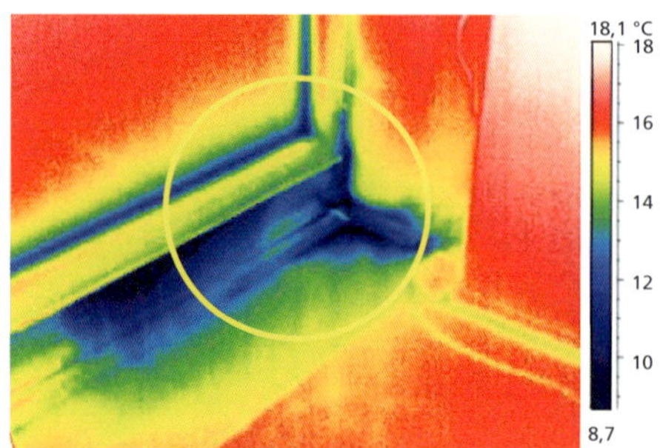

Bild 37: Nachweis von einer Leckstelle in der raumseitigen Anschlussfuge

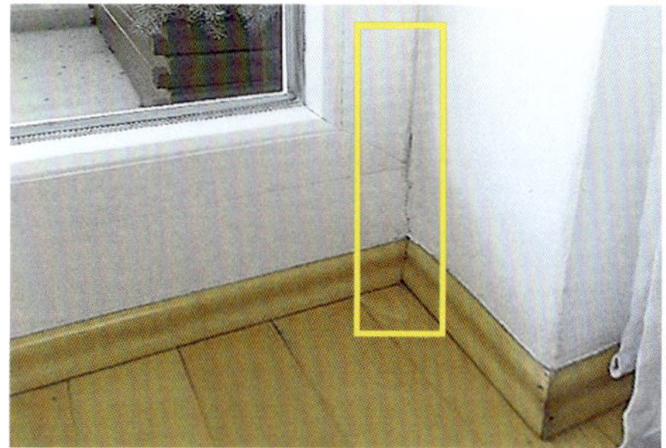

Bild 38: Überprüfung der luftdichten Anschlussfuge am Beispiel einer Festverglasung eines Balkon-Fensterelements

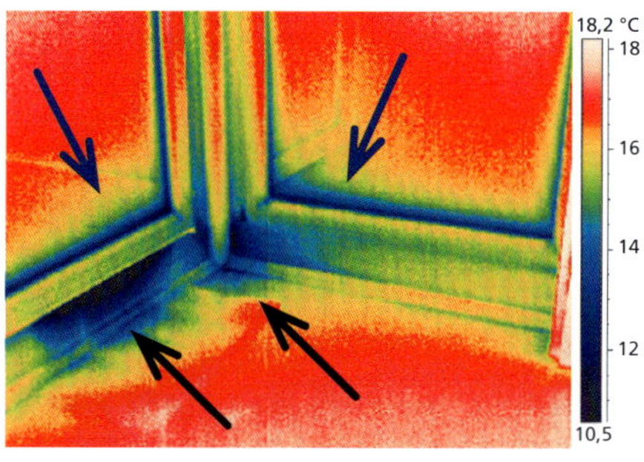

Bild 39: Beispiel für die Sichtbarmachung von luftundichten Stellen und Wärmebrücken mitttels Thermografie

fahnen die undichte Anschlussfuge zwischen Fenster und Baukörper auf der Raumseite sichtbar gemacht. Bild 38 zeigt die Untersuchung an einer Fenstertür. Mittels Thermografie kann eine Leckage in der raumseitigen Anschlussfuge eindeutig nachgewiesen werden.

Auch Wärmebrücken lassen sich mittels Thermografieaufnahmen orten. Am Beispiel in Bild 39 ist der Unterschied zwischen Wärmebrücken, z. B. an den Abstandhaltern der Isolierglasscheiben (blaue Pfeile), und den luftundichten Stellen (schwarze Pfeile) im Anschlussfugenbereich durch die blauen Temperaturfahnen zu erkennen.

Bild 40: Sichtbare Ablagerung an einer luftundichten Anschlussfuge

Es gibt Bausituationen, in denen eine luftundichte raumseitige Anschlussfuge zwischen Fenster und Baukörper direkt sichtbar ist, wie in Bild 40. Durch einen Lufttransport über die undichte Anschlussfuge entstehen auf der Putzschicht dunkle Markierungen. Ablagerungen von Staubpartikeln in dem Luftstrom lagern sich an der Putzschicht ab. An dieser undichten Stelle ist die erforderliche luftdichte Ebene unterbrochen. Es entsteht eine Luftströmung, die zu unerwünschten Zuglufterscheinungen führt.

Bei undichten Anschlussfugen kann zur kalten Jahreszeit eine Luftströmung von warm nach kalt entstehen. Dabei kann sich der Wasserdampf der raumseitigen Luft an kalten Flächen in der Anschlussfuge als Tauwasser niederschlagen. Über die Luftströmung können größere Mengen an Wasser in die Anschlussfuge eingetragen werden, in deren Folge Feuchteschäden entstehen. Um die Tauwasserbildung in der Anschlussfuge zu verhindern, muss die luftdichte Ebene mit der Abdichtung in der Funktionsebene 1, also der Trennung zwischen Raum- und Außenklima, liegen.

Die Überprüfung der Luftdichtheit der Anschlussfuge nach dem Einbau der neuen Fenster ist auch mit einem nebelerzeugenden Handgerät (Handnebelmaschine) möglich. Mithilfe des Unterdruck-Blowerdoor-Verfahrens, mit geringem Unterdruck von <50 Pa auf der Raumseite, können undichte Anschlussfugen durch Nebel sichtbar gemacht werden. Hierbei wird ein nebelerzeugendes Handgerät an den Anschlussfugen entlanggeführt (Bild 41). Bei undichten Fugen entsteht eine gut sichtbare Nebel-Verwirbelung, wodurch Leckagen in der Anschlussfuge visuell zu erkennen sind.

Bei einem anderen Verfahren tritt ein Nebelstrahl mit Druck aus der Düse einer speziellen Handnebelmaschine aus (Bild 42). Der Nebelstrahl wird langsam entlang

Bild 41: Nachweis partieller Undichtheit mit dem Handnebelgerät

Bild 42: Mit der Handnebelmaschine können partielle Undichtheiten sichtbar gemacht werden.

der Anschlussfuge geführt. Bei undichten Fugen kommt der Nebel auf der gegenüberliegenden Seite der Fuge, zum Beispiel am Fensteranschluss, heraus. Mit diesem einfachen Verfahren können Undichtheiten visuell lokalisiert werden, jedoch ohne messbare Volumenströme.

8 Die Funktionsebene 2 in der Anschlussfuge

Die Funktionsebene 2 ist der Zwischenraum in der Anschlussfuge, die sich zwischen der raumseitigen Abdichtung (Ebene 1) und der außenseitigen Abdichtung (Ebene 3) bildet. In der Funktionsebene 2 befinden sich die Lagerung und die Befestigung des Fensters sowie die Fugendämmung zwischen Blendrahmen und Baukörper. Zusätzliche Funktionseigenschaften wie Schalldämmung und Einbruchhemmung müssen in der technischen Ausführung der Funktionsebene 2 ebenfalls berücksichtigt werden.

8.1 Lagerung und Befestigung

Bei der Fenstererneuerung hat die Funktionsebene 2 wesentliche Aufgaben zu erfüllen. Damit das schadlos möglich ist, muss sie technisch richtig umgesetzt werden. Nach dem Ausbau der Altfenster mit unversehrten Putzrändern wird das neue Fenster in die Fensteröffnung auf die unteren Tragklötze eingestellt und flucht- und lotgerecht ausgerichtet. Die Lage der Tragklötze ist so anzuordnen, dass das Gewicht des Fensters schadlos in den Baukörper eingeleitet werden kann. Die Größe und Form der Tragklötze sollten sich an den erforderlichen Abmessungen orientieren, die sich aus der unteren Anschlussfuge ergeben. Tragklötze sollten einteilig sein. Aufgeschichtete und unterschiedlich dicke Verglasungsklötze, wie das Negativbeispiel in Bild 43 zeigt, ermöglichen keine gesicherte Lastableitung.

Das Ausrichten des neuen Fensters in der Fensterlaibung erfolgt nach den örtlichen Voraussetzungen. Dabei ist die optimale Lage im Hinblick auf die raum- und außenseitig abzudichtenden Fugen zu wählen. Die Rahmenbefestigung erfolgt in der Regel mit sogenannten Fensterbauschrauben oder Abstandsmontageschrauben, ohne Trag- und Distanzverklotzung. Die Schraubenlänge ergibt sich aus der Profilabmessung, der Breite der Anschlussfuge und der erforderlichen Einschraubtiefe im Baukörper (Bild 44).

Bild 43: Ungeeignete Lastabtragung

Die Befestigung muss beim geschlossenen Fenster die auftretenden Kräfte aus Windbelastungen sicher in das Bauwerk übertragen. Beim geöffneten Flügel entstehen durch das Gewicht und bei der Fensterreinigung zusätzlich überlagerte vertikale Nutzlasten. Damit alle Belastungen sicher in die tragende Wandkonstruktion abgeleitet werden können, sind im Regelwerk [38, 44] Befestigungsabstände festgelegt. Der Regelabstand beträgt bei Holzfenstern maximal 800 mm und bei Kunststofffenstern maximal 700 mm. Der Abstand der Befestigung von der Innenecke des Fensterrahmens soll 100 bis 150 mm betragen.

Voraussetzung für eine sichere Fensterbefestigung ist ein fester und kraftübertragender Sitz der Befestigungselemente in der Wand. Bei der Fenstererneuerung können unterschiedlichste Mauerwerkszustände auftreten, die eine Anpassung an die Befestigung nach der örtlichen Bausituation erfordern. Die Abstände oder die Anzahl der Befestigungen müssen dann angepasst werden. Bei Mauerwerkslaibungen mit großen Hohlräumen, die eine Durchsteckmontage mit Rahmendübel oder Direktbefestigungsschrauben nicht ermöglichen, müssen zuerst tragfähige, ebene Untergründe hergestellt werden.

Mehrteilige große Fensterelemente mit einem umfassenden Blendrahmenprofil müssen so befestigt werden, dass keine Verformungsbehinderungen auftreten. Dieser Grundsatz wird bei der Befestigung am unteren Blendrahmenprofil mit stabilen Metallwinkeln oft verkannt. Kunststoffprofile mit außenseitiger anthrazitfarbener Oberfläche erfahren bei Sonneneinstrahlung Oberflächentemperaturen, die in einem Bereich über 60 °C liegen und erhebliche Dehnungen verursachen können. Eine Einspannung mit stabilen Metallwinkeln als Auflager und Fensterbefestigung behindert die temperaturabhängigen Längenänderungen und erzeugt Spannungen, die die Eigenfestigkeit des PVC-Profils überschreiten und Risse oder Brüche hervorrufen können. Bild 45 zeigt ein mehrteiliges Fensterelement, bei dem durch eine falsche Befestigung Materialbrüche im PVC-Profil ausgelöst wurden.

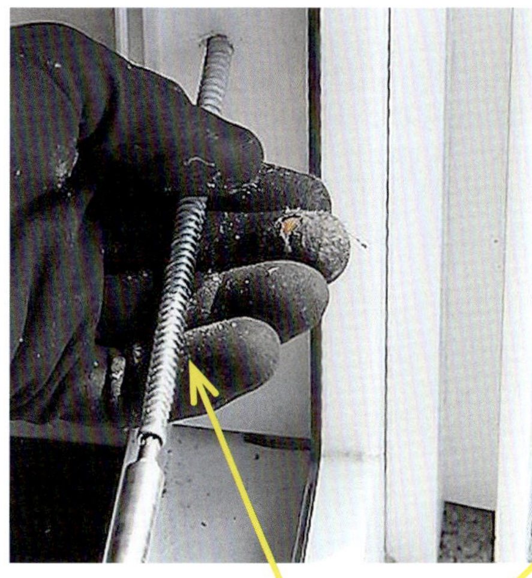

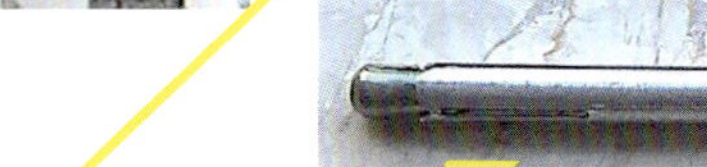

Typische
Fensterbauschraube

Typische
Abstands-Montageschraube

Beim Eindrehen der Befestigungsschraube in die vorgebohrten Löcher ist darauf zu achten, dass der Schraubenkopf planeben zur Kunststoffwandung sitzt.

Ungeeignete Schrauben mit einer zusätzlichen Unterlegung durch eine Unterlegscheibe sind keine fachgerechte Befestigung.

Bild 44: Beispiele für die Befestigung des Fensterrahmens

Bild 45: Behinderte Längenänderung bei Kunststoffprofilen kann zu Materialbrüchen führen, wenn die Befestigungswinkel keine Längsschlitze für die Bewegungsaufnahme haben.

8.2 Die Fugendämmung

In der Ebene 2 befindet sich unter anderem die Fugendämmung zur wärmetechnischen Verbesserung der Anschlussfuge zwischen Fenster und Baukörper (Bild 46).

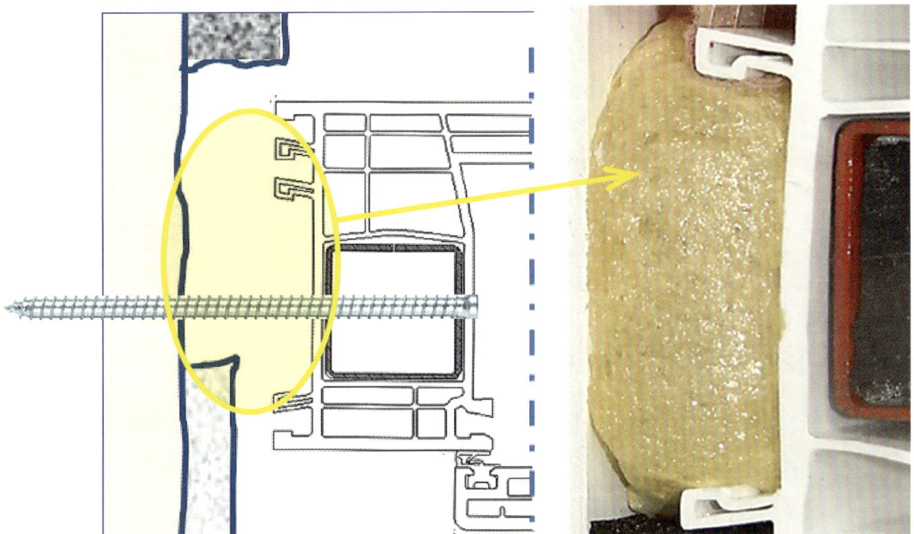

Bild 46: Der gekennzeichnete Bereich ist die symbolische Ebene 2, in der sich die Fugendämmung und die Befestigung befinden. Die Fugendämmung besteht aus einer dosierten Füllung der Anschlussfuge mit PU-Schaum.

Dabei wird die eingeschlossene Luftschicht in der Anschlussfuge durch ein wärmedämmendes Material ersetzt. Mit dieser Maßnahme entsteht die Fugendämmung, die zu einer Verbesserung der Wärmedämmung im Anschlussbereich führt. DIN 18355 *Tischlerarbeiten* [17] enthält Vorgaben zur Fugendämmung:

»Die auf der Rauminnenseite verbleibenden Fugen zwischen Außenbauteilen und Baukörper sind mit Dämmstoffen vollständig auszufüllen. Die Wahl des Dämmstoffes bleibt dem Auftragnehmer überlassen. Der Einsatz des gewählten Dämmstoffes darf den Bauablauf nicht beeinträchtigen. Bei der Verwendung von Ortschäumen sind die angrenzenden oberflächenfertigen Bauteile durch rückstandsfrei zu entfernende Abklebungen sicher zu schützen.« DIN 18355, Abschnitt 3.5.3.2. [17]

Bild 47: PU-Schaum in der Funktionsebene 2

Hieraus ergeben sich allgemeine Vorgaben:

- Die Anschlussfuge muss möglichst vollständig mit Fugendämmstoff ausgefüllt werden.
- Bei Verwendung von Ortschaum sind Schutzabdeckungen auf den seitlichen Laibungen anzubringen.
- Fugendämmstoffe können keine Dichtfunktion übernehmen.

Für die Fugendämmung hat sich das Füllen der Anschlussfuge mit einem Einkomponenten-Polyurethanschaum (1K-PU-Pistolenschaum) bewährt (Bild 47). Die Schwierigkeit beim Ausschäumen besteht in der richtigen Dosierung. Entscheidend ist die Handhabung bei der Verarbeitung, wobei die ca. 10 mm breite Anschlussfuge für das Einbringen der Pistolenlanze von der Raumseite ausreichend ist. Da der austretende Schaum expandiert, also sein Volumen vergrößert, muss der Verarbeiter mit besonderem handwerklichen Geschick vorgehen, damit die Anschlussfuge nach dem Ausspritzvorgang möglichst präzise ausfüllt. Der PU-Schaum darf nicht an der Raum- oder Außenseite austreten, da hier die Ebene 1 und Ebene 3 für die Abdichtungen freigehalten werden sollen. Da in der Anschlussfuge unebene Mauerlaibungen vorliegen, kann nicht ausgeschlossen werden, dass in der Füllung der Anschlussfuge mit PU-Schaum partielle Fehlstellen bzw. Lunkerstellen entstehen. Diese luftgefüllten kleinen Hohlräume haben hinsichtlich des wärmetechnischen Verhaltens eine untergeordnete Bedeutung. Der PU-Schaum in der Anschlussfuge kann auch mit kleinen Lunkerstellen als Fugendämmung wirken.

Wichtig ist der Hinweis, dass der PU-Schaum in der Anschlussfuge die mechanische Befestigung des Fensters nicht ersetzen kann.

Bei unsachgemäßem Ausschäumen mit PU-Schaum können überproportionale Schaumfugen entstehen. Der ausgetretene, überschüssige Schaum lässt sich nachträglich nicht rückstandsfrei entfernen, sodass Schaumrestteile die Ausführung der Anschlussfugenabdichtung behindern. Beispiele für diesen vielfach anzutreffenden Zustand zeigt Bild 48.

Bild 48: Die Fugendämmung in der Anschlussfuge erfordert eine fachgerechte Handhabung beim Ausschäumen. Die hier gezeigten Einbauzustände sind nicht akzeptabel und lassen sich mit Nacharbeiten in keinen fachgerechten Zustand bringen.

Bei der Ausführung der Fugendämmung im Bestandsbau sind die raumseitigen Fensterlaibungen vor PU-Schaumresten zu schützen. Dies wird vielfach nicht ausreichend beachtet, sodass an den Fensterlaibungen unerwünschte Restpartikel verbleiben (Bild 49). Sollten PU-Verschmutzungen an den Fensterlaibungen entstehen, gehört es zur Aufgabe des Monteurs, diese vor Abnahme der Arbeiten zu entfernen.

Aus dem Begriff Fugendämmung geht indirekt hervor, dass der PU-Schaum keine Abdichtungsfunktion erfüllen kann, sondern dass die Füllung des Freiraums in der Anschlussfuge mit dem PU-Schaum die Wärmedämmung verbessern soll.

Bild 49: Hier wurden die PU-Restpartikeln nicht sofort entfernt und führten zu Oberflächenveränderungen an der Fensterlaibung nach dem Abschleifen.

Ausführungsfehler in der Funktionsebene 2 sind beim Fenstereinbau im Bestandsbau vermeidbar. Bei fachgerechter Handhabung der Lagerung des Blendrahmens mit der richtigen Klotzunterlage, dem lot- und waagerechten Ausrichten des Blendrahmens, der Befestigung mit geeigneten Befestigungsmitteln und dem dosierten Einbringen von PU-Schaum entsteht eine funktionsfähige Anschlussfuge in Ebene 2.

9 Die Funktionsebene 3 in der Anschlussfuge

Die Ebene 3 bildet den Wetterschutz im äußeren Anschlussbereich zwischen Fenster und Baukörper. Sie gliedert sich in Wind- und Regensperre. Der äußere Anschluss in der Ebene 3 ist so auszubilden, dass kein Niederschlagswasser unkontrolliert in die Konstruktion eindringen kann. Um das zu erreichen, fordert DIN 18355 *Tischlerarbeiten* [17] allgemein:

»Die Abdichtung zwischen Außenwandbauteilen und Baukörper muss umlaufend, dauerhaft und schlagregendicht sein«.

9.1 Dichtstoff in der Anschlussfuge

Beim Fensteraustausch im Bestandsbau ist bei Beibehaltung von unbeschädigten Putzkanten eine fachgerechte Abdichtung der Anschlussfuge mit Dichtstoffen möglich. Die schematische Darstellung in Bild 50 zeigt die Fugenabdichtung in der Ebene 3 mit Dichtstoffen zum PVC-Profil mit und ohne Rollladenprofil und zur Außenputzschicht.

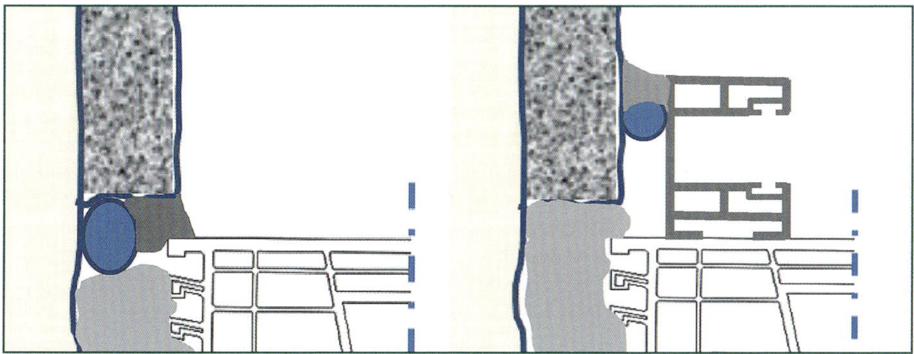

Bild 50: Schematische Darstellung der außenseitigen Anschlussfuge mit Dichtstoff

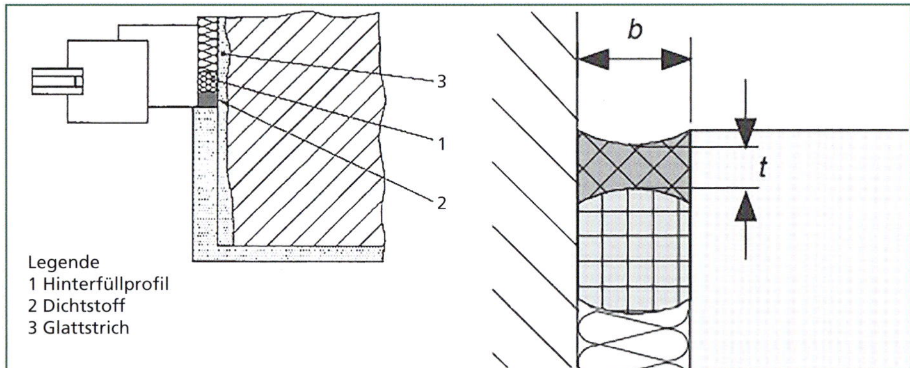

Bild 51: Sollvorgabe aus DIN 4108-7 am Beispiel der raumseitigen Dichtungsfuge (links) und Sollvorgabe für den Aufbau einer Dichtstofffuge aus [44] (rechts)

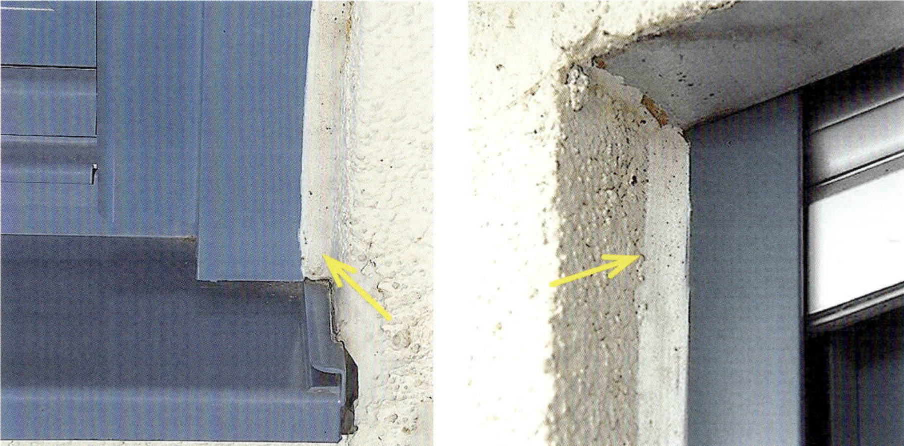

Bild 52: Sollzustand der Fugenabdichtung mit Dichtstoff

Eine Vorgabe dazu findet sich auch in DIN 4108-7 [26] *Luftdichtheit von Gebäuden* für eine Dichtstofffuge auf einem Hinterfüllprofil. Voraussetzung ist, dass die bauseitige Haftfläche beispielsweise mit einem Glattstrich versehen und somit für eine funktionsfähige Dichtstofffuge geeignet ist, wie in Bild 51 dargestellt.

Voraussetzung für eine Abdichtung mit Dichtstoffen ist, dass die Putzkante nach dem Ausbau des Altfensters unbeschädigt ist. Bild 52 und Bild 53 zeigen typische Fugenabdichtungen am Holz-Alufenster nach einer Fenstererneuerung, die dieser Sollvorgabe nahekommen.

Die vorgenannten idealen Voraussetzungen für eine den Sollvorgaben aus Bild 51 entsprechende Ausführung liegen nicht immer vor. Wenn beim Ausbau des Alt-

Bild 53: Sollzustand der Anschlussfuge mit Dichtstoff

Bild 54: Ausbrüche in der Putzkante ergeben keine Haftfläche für Dichtstoffe.

fensters Putzkanten ausbrechen, lässt sich eine Abdichtung mit Dichtstoff nicht fachgerecht ausführen (Bild 54).

Auch unsachgemäß gedämmte Anschlussfugen wie in Bild 55 bilden keine geeignete Haftfläche für Dichtstoffe. Tritt wie in diesem Beispiel beim Ausschäumen der Anschlussfuge PU-Schaum aus der außenseitigen Anschlussfuge heraus, muss dieser für die aufzubringende Dichtstofffuge rückstandsfrei entfernt werden. Damit ist ein großer handwerklicher Aufwand verbunden, der bei richtiger Handhabung des Dämmstoffs vermeidbar ist.

Bild 55: Aus der Anschlussfuge ausgetretener PU-Schaum muss rückstandfrei entfernt werden.

Bild 56: Verschmierte Abdichtungen mit Dichtstoff bei besonders grobem Rauputz

Bei besonders grobem Rauputz können ebenfalls keine fachgerechten Dichtstofffugen entstehen. Die Abdichtung mit Dichtstoffen erzeugt hier eine verschmierte Fugenoptik, die vom Kunden nicht immer angenommen wird (Bild 56).

An Dichtstofffugen können durch den Kontakt mit anderen Materialien, beispielsweise mit Bestandteilen einer dahinterliegenden Fugendämmung, unerwünschte Migrationserscheinungen auftreten, die zu Verfärbungen und zu Materialveränderungen führen (Bild 57). Die Funktion der Dichtstofffuge kann dadurch beeinträchtigt werden.

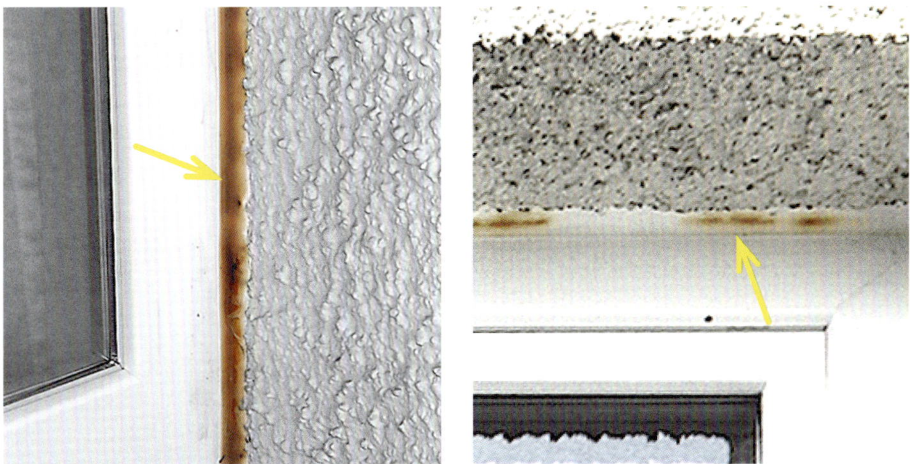

Bild 57: Typische Verfärbung eines Dichtstoffs durch Migration von Bestandteilen aus der dahinterliegenden Fugendämmung oder einer ungeeigneten Hinterfüllung. Der ursprünglich weiße Dichtstoff ist dadurch funktionsgeschädigt.

Bild 58: Sollzustand einer Dichtstofffuge bei einem WDVS

Bei Wärmedämmverbundsystemen (WDVS) können außenseitige Anschlussfugen mit Dichtstoff fachgerecht abgedichtet werden, wenn geeignete Haftflächen vorliegen. Als geeignete Haftflächen für den Dichtstoff sind zusätzliche Einsatzprofile erforderlich (Bild 58).

Bei Blendrahmen von Kunststofffenstern besteht die baukörperseitige Profilierung aus mehrfachen Profilnuten, die eine ungünstige Haftfläche für den Dichtstoff bilden (Bild 59). Erst mit einem systemkonformen Füllprofil, das in die Profilnut einzusetzen ist, kann eine ausreichend große und glatte Haftfläche entstehen. Wenn diese Maßnahme nicht durchgeführt wird, können durch temperaturbedingte Bewegungen Haftverluste zwischen Fugenmaterial und Kunststoffprofil auftreten.

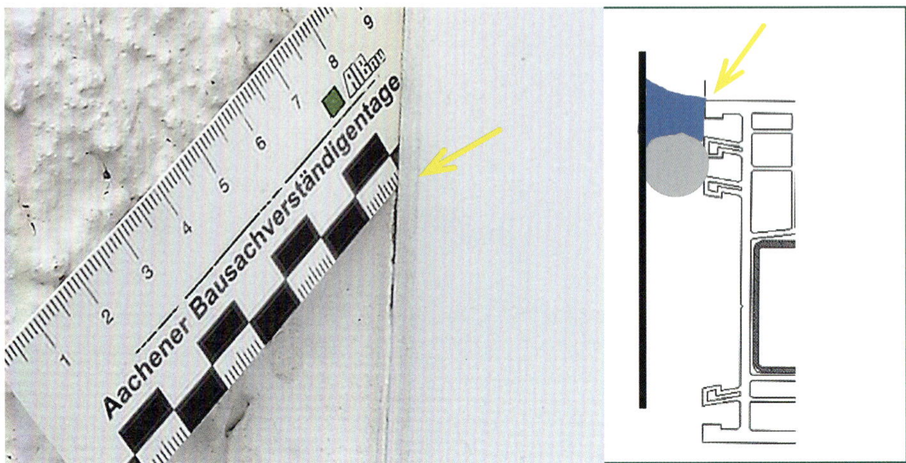

Bild 59: Istzustand mit Haftverlust vom Dichtstoff zum PVC-Profil, sichtbar gemacht durch eingeschobene Messkarte

9.2 Anschlussfuge mit Multifunktionsbändern

Für die Anwendung von Multifunktionsbändern sind planebene Fugenflanken auf der Baukörperseite, mit möglichst gleich breiten Anschlussfugen, erforderlich. Dieser ideale Zustand ist nach dem Ausbau des Altfensters nur bedingt gegeben. Selbst wenn das vorkomprimierte Dichtband nach dem Expandieren die Hohlräume ausfüllt, kann die Regensperre nur bei dem vom Hersteller vorgegebenen Komprimiergrad erfüllt werden. Ein hiervon abweichender Zustand entsteht, wenn die Fensterlaibung an der Baukörperseite keine ebene Fläche bildet und an

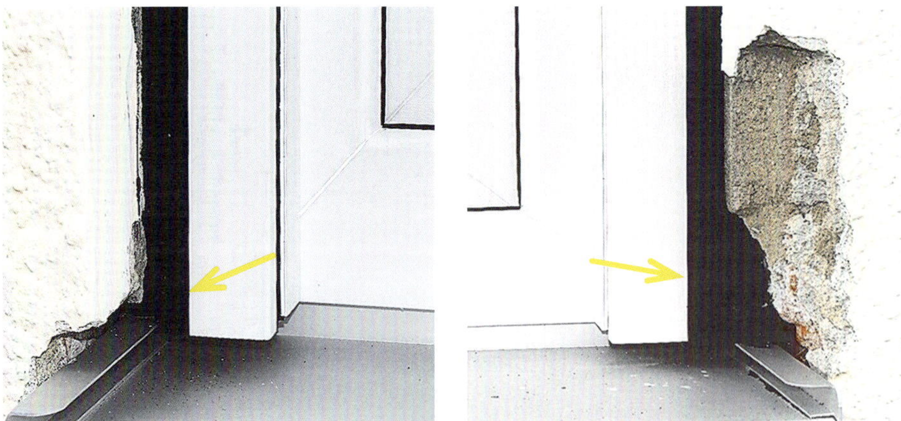

Bild 60: Hier fehlt die Voraussetzung für die fachgerechte Anwendung des Multifunktionsbandes.

Bild 61: Typischer Zustand der Anschlussfuge mit Multifunktionsband ohne ausreichende Komprimierung

dieser Stelle das Dichtband nur als Fugenfüllung dient. Vor allem Ausbrüche an der Fensterlaibung können nicht mit Multifunktionsband abgedichtet werden (Bild 60 und Bild 61).

Das Multifunktionsband erfüllt die Abdichtungsfunktion nur bei systemvorgegebener Komprimierung. Lässt sich ein Messstab widerstandsfrei zwischen Haftfläche und Schaumband einschieben, liegt keine ausreichende Kompression vor. In diesem Zustand ist die Regendichtheit nicht gegeben (Bild 62 und Bild 63).

Eine optimale Anwendung von Multifunktionsband ist gegeben, wenn die Putzschicht in der Fensterlaibung während des Ausbaus des Altfensters entfernt wird. In diesem putzfreien Zustand kann die Fensterlaibung mit einem Glattstrich (Bild 64) beschichtet werden, womit eine planebene und lotrechte Fläche in der Fensterlaibung entsteht.

Der Glattstrich in der Fensterlaibung ist eine technische Vorgabe, die auch in DIN 4108-7 *Luftdichtheit von Gebäuden* [26] enthalten ist. Der Glattstrich ist beim Neubau, wie auch bei der Fenstererneuerung im Bestandsbau, eine mögliche

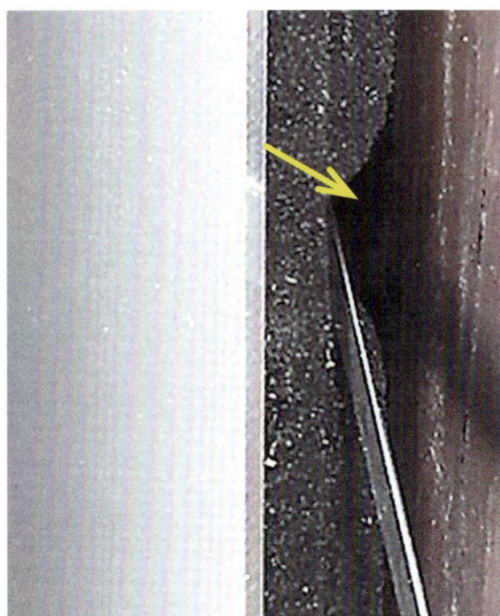

Bild 62: Wenn zwischen Multifunktionsband und Haftfläche ein Maßstab widerstandslos eingeschoben werden kann, ist das Band nicht ausreichend komprimiert.

Bild 63: In diesem Zustand kann das Mulitfunktionsband keine Regendichtheit bewirken.

Bild 64: Fensterlaibungen mit Hohllochziegel benötigen einen Glattstrich.

Maßnahme, um geeignete notwendige Haftflächen für eine fachgerechte Abdichtung der Anschlussfuge herzustellen.

Wenn im Rahmen von Nacharbeiten keine Beiputzarbeiten erfolgen, ist die Anschlussfuge aus optischen Gründen mit einem Profil oder einem Verleistungssystem abzudecken.

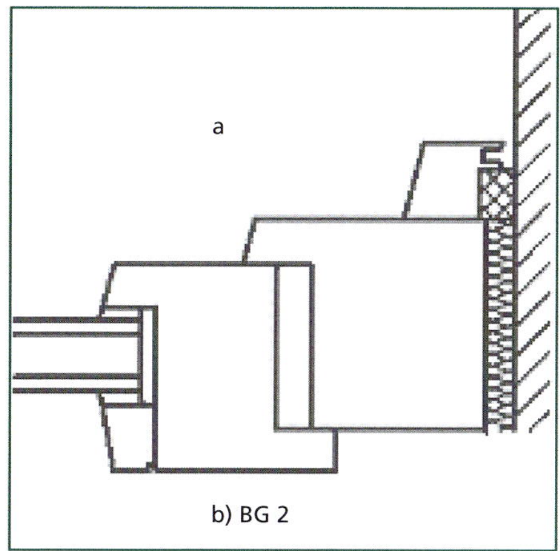

Bild 65: Sollvorgabe für Verleistungssystem als Auszug aus DIN 18542 [22] mit einem komprimierten Dichtband

Bild 66: Sollvorgabe aus dem *Leitfaden zur Montage* [44]

Wie bei der raumseitigen Anschlussfuge kann auch bei der außenseitigen Anschlussfuge ein geeignetes Verleistungssystem angewendet werden. Das Verleistungssystem muss dabei in der Lage sein, eine Regensperre zu bilden. Die Sollvorgabe für das Verleistungssystem zeigen Bild 65 und Bild 66, wobei Abweichungen in der praktischen Ausführung häufig anzutreffen sind. Hier ist zu entscheiden, ob die vorgefundene Istausführung noch akzeptabel ist, die Funktion der Regensperre zu erfüllen.

10 Anschlussfuge mit Anputzdichtleiste

Eine Anputzleiste dient dem Verputzer oder Stuckateur zur Herstellung eines optisch anspruchsvollen Anschlusses vom Verputz zum Fenster- oder Türelement. Bei Ausstattung mit einer Schutzlippe entfällt ein zusätzliches Ausfugen mit Dichtstoff. Das spätere Verputzen wird durch die nun vorhandene Führung der Abziehlatte vereinfacht und beschleunigt. Auch das aufwendige Abkleben der Fenster bzw. Türen mit Schutzfolie wird durch den an der Leiste angebrachten Abziehstreifen vereinfacht, da ein zusätzliches Ankleben der Folie mittels Klebeband hinfällig wird. Anputzleisten können unabhängig voneinander sowohl für den Innenbereich als auch für den Außenbereich verwendet werden.

Der Markt bietet viele verschiedene Anputzleisten an. Der Übergang zwischen Putzschicht und Fensterprofil wird durch die Anputzleiste aus PVC gebildet. Die Putzschicht erhält einen Formschluss zum PVC-Profil, das durch ein doppelseitiges Klebeband am Fensterprofil befestigt wird. Die Anputzleiste bildet somit einen Ausgleich zwischen der starren Putzschicht und dem Fensterprofil. Treten allerdings profiltypische temperaturbedingte Längenänderungen auf, versagt die Verbindung zwischen Putzschicht und Fensterprofil über dem Anputzprofil. Es entstehen Putzrisse, wie in Bild 67, wodurch die Dichtfunktion verlorengeht und die Optik erheblich beeinträchtigt wird.

Für die Abdichtungsfunktion muss die Anputzleiste einen dichten Anschluss zum Blendrahmenprofil bilden. Versagt die Klebung zwischen Anschlussprofil und

Bild 67: Zwangsläufige Bewegungen zwischen der starren Putzschicht und dem Blendrahmenprofil können von der Verbindung über das Anputzprofil nicht schadlos aufgenommen werden.

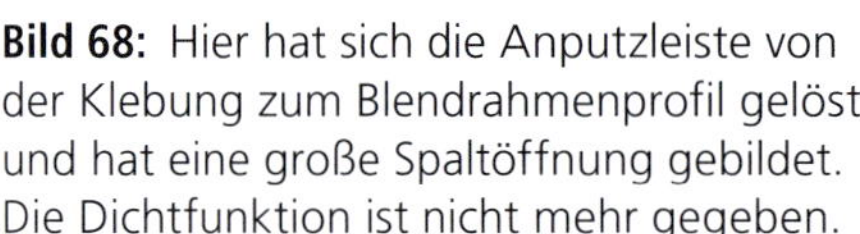

Bild 68: Hier hat sich die Anputzleiste von der Klebung zum Blendrahmenprofil gelöst und hat eine große Spaltöffnung gebildet. Die Dichtfunktion ist nicht mehr gegeben.

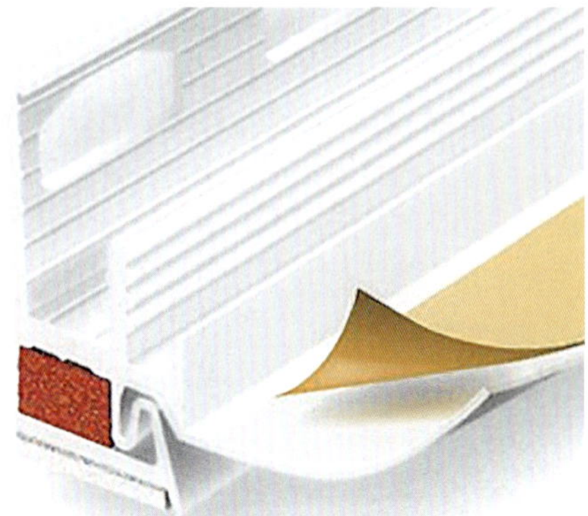

Bild 69: Beispiel für eine Anputzdichtleiste

PVC-Blendrahmenprofil entsteht eine Spaltöffnung, Bild 68. Auch in diesem Fall geht die erforderliche Dichtheit für die raumseitigen und außenseitigen Dichtsperren verloren.

Um die Bewegungen zwischen der starren Putzschicht und dem Fensterprofil schadlos aufzunehmen, wurde die Anputzdichtleiste (Bild 69) entwickelt. Durch eine elastische Zwischenschicht können geringfügige Bewegungen aufgenommen werden, womit Zug- und Scherkräfte auf die jeweiligen Haftflächen verringert werden.

Das Abdichtungssystem mit der Anputzdichtleiste ist anwendbar, wenn bei der Fenstererneuerung die Putzschichten an den Fensterlaibungen entfernt wurden. Dadurch ergibt sich eine Situation, die dem Neubauzustand entspricht, bei dem der Fenstereinbau in die Fensterlaibung ohne Putzschichten erfolgt. Nach dem Einbau der Fenster wird am Rand des Blendrahmens eine Anputzdichtleiste mit Folienschutz aufgeklebt. Der Auftrag der Putzschicht auf den Fensterlaibungen erfolgt erst nach dem Einbau der Fenster in Verbindung mit der Begrenzung durch die Anputzdichtleiste. Dieses Vorgehen ist besonders für die Abdichtung mit dem Mulitfunktionsdichtband in der Anschlussfuge geeignet. Mit dem nachträglichen Aufbringen der Putzschicht auf die Fensterlaibung über der Anputzdichtleiste wird ein hoher Abdichtungsgrad erzeugt und die Anschlussfuge optisch abgedeckt.

Die Anwendung der Anputzdichtleiste beim Fensteraustausch erfordert eine Planung und Klärung der Machbarkeit. Soll die alte Putzlaibung beibehalten werden, muss eine zweite Putzschicht aufgebracht werden (Bild 70). Die Dicke der zusätzlichen Putzschicht wird durch die Lage der Anputzdichtleiste vorgegeben. Hier ist

Bild 70: Zusätzliche Putzschicht von ca. 20 mm erforderlich

vorher zu klären, ob der Altputz eine ausreichende Haftung zum Untergrund besitzt (Bild 71). Ebenso ist zu klären, ob die nachträglich neu aufzutragende Putzschicht auf dem Altputz eine tragfähige Verbindung ermöglicht. Ebenso bedarf es der Abstimmung mit dem Bauherrn wegen optischen Veränderungen an den Putzlaibungen und dem zusätzlichen Kostenaufwand für die handwerkliche Ausführung der Beiputzarbeiten.

Allein durch das Ankleben einer Anputzdichtleiste auf dem Blendrahmen entsteht noch kein Abschluss der Fenstereinbauarbeiten. Die Montagearbeiten sind erst nach den Beiputzarbeiten, die zumeist ein anders Gewerk ausführt, abgeschlossen. Erst dann kann geklärt werden, ob die erforderliche luftdichte Abdichtung vorliegt.

Auf der Außenseite ist die Anwendung der Anputzdichtleiste möglich, wenn die außenseitige Fensterlaibung nach dem Einbau der Fenster verputzt wird (Bild 72). Auch beim nachträglichen Aufbringen der Fensterlaibung mit einem Wärmedämmverbundsystem (WDVS) sind Anputzdichtleisten geeignet (Bild 73).

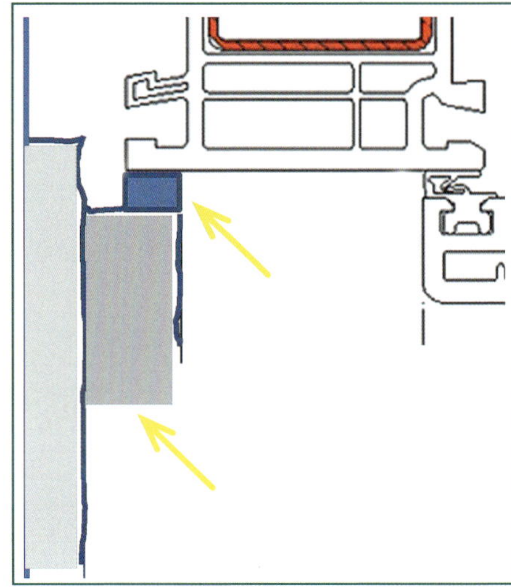

Bild 71: Mit Einbau der Putzanschlussdichtleiste entsteht eine zusätzliche Putzschicht auf dem vorhandenen Altputz, der ausreichende Tragfähigkeit haben muss.

Bild 72: Sollzustand der Abdichtung mit der Anputzdichtleiste

Bild 73: Anputzdichtleiste bei WDVS

Die Funktion der luftdichten Abdichtung mit Anputzdichtleisten ist abhängig von der Zuarbeit des Gewerkes, das für die Putzarbeiten zuständig ist. Die gewerkübergreifenden Arbeiten von Fensterbau mit Montage (Tischlerarbeiten nach DIN 18355 [17]) und den Beiputzarbeiten (Putz- und Stuckarbeiten nach DIN 18350 [16]) bedürfen der Abstimmung zwischen den Bauausführenden, wobei eine planerische Vorarbeit Voraussetzung ist.

11 Die Fensterbank, ein gewerkübergreifendes Bauteil

Die außenseitige Fensterbank bildet einen wesentlichen Wetterschutz für Fenster und Baukörper. Die allgemeinen Anforderungen sind im Neubau sowie auch bei der Fenstererneuerung im Bestandsbau zu beachten. Die äußere Fensterbank muss das ablaufende Oberflächenwasser kontrolliert vom Fenster ableiten. Um Beanspruchungen auf die Abdichtung zu verringern und Schäden aus längerfristig anstehendem Wasser zu vermeiden, wird eine Mindestneigung von ca. 5° verlangt. Diese Forderung hat sich durchgesetzt und bewährt. Temperaturbedingte Längenänderungen der Fensterbank müssen an den Fensterbankenden über geeignete Abdichtungen schadlos aufgenommen werden.

Theoretische Grundlagen zum Einbau von Alu-Fensterbänken sind in vielen Richtlinien und Empfehlungen zum Fenstereinbau detailliert beschrieben, z. B. in [38], [41], [42], [44]. In Österreich gibt es sogar eine eigene Richtlinie speziell für den Einbau von Fensterbänken bei WDVS- und Putzfassaden [36]. Unabhängig von der genannten Literatur sind stets die Vorgaben und Verarbeitungsrichtlinien der jeweiligen Hersteller der Fensterbänke zu beachten.

Diese theoretischen Vorgaben lassen sich bei der Fenstererneuerung im Bestand mit den bauseitigen Bedingungen in der Fensterlaibung teilweise nur mit Einschränkungen umsetzen. Die erforderlichen Grundvoraussetzungen für den Einbau von Alu-Fensterbänken sind in der Baupraxis nicht immer anzutreffen. Nicht immer gelingt im Bestandsbau die fachgerechte Ausführung. Abweichungen von den theoretischen Vorgaben sind jedoch nur dann akzeptabel, wenn die Funktionsfähigkeit gesichert ist. An einigen Beispielen aus der Gutachterpraxis soll im Folgenden gezeigt werden, welche Fehler in der Baupraxis auftreten können und wie sie zu bewerten sind.

Am Beispiel für eine Fassadensanierung an großen Geschosswohnungsbauten sind die Arbeiten nur über Gerüststellungen (Bild 74) möglich. Damit ist eine gute Zugänglichkeit zur Montage der Fensterbank gegeben. Es werden fast ausschließlich vorgefertigte Alu-Fensterbänke verbaut. Das Gerüst ermöglicht auch nach-

Bild 74: Fassadensanierung mit Fenstererneuerung im Bestandsbau benötigt Gerüste.

folgenden Gewerken die Ausführung von Nacharbeiten, wie Beiputzarbeiten im Laibungsbereich und Fassadenanstricharbeiten.

Bevor die Alu-Fensterbank eingebaut werden kann, ist der untere außenseitige Anschlussfugenbereich des neu eingebauten Kunststofffensters abzudichten. Hierfür eignen sich Folien, die an das Anschlussprofil unter dem Blendrahmen mit geeignetem Kleber angeklebt werden. Die Folie muss dampfdiffusionsoffen sein (Bild 75 und Bild 76). Die Anbringung erfordert handwerkliches Geschick, da sich baukörperbedingte Unebenheiten in der unteren Fensterlaibung nicht vermeiden lassen.

Bild 75: Dampfdiffusionsoffene Folie im unteren außenseitigen Anschluss

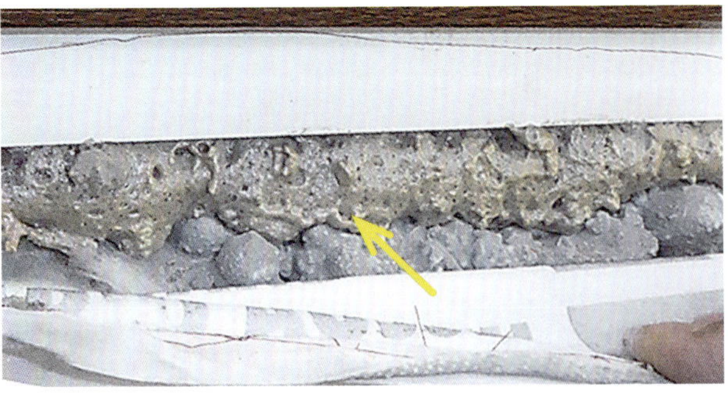

Bild 76: Unter der Folie befindet sich die Fugendämmung.

Zur Sicherstellung des Wetterschutzes soll die Aufkantung der Alu-Fensterbank zurückgesetzt von der Außenseite des Blendrahmenprofils liegen (Bild 77). Mit diesem Versatz ist unter dem Kunststoff-Blendrahmenprofil ein systemkonformes Anschlussprofil zu adaptieren. Diese Maßnahme ist bereits in der Planung und bei der Maßaufnahme zu berücksichtigen und Bestandteil des Fenstersystems.

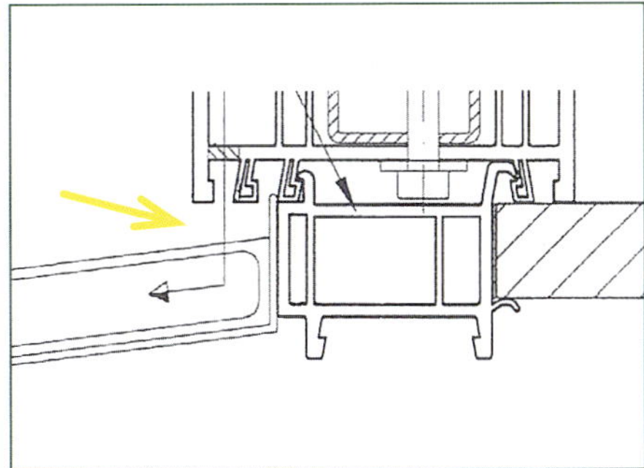

Bild 77: Sollzustand: Aufkantung der Alu-Fensterbank sitzt zurückgesetzt gegenüber der Vorderkante des Blendrahmenprofils. Die Befestigung der Alu-Fensterbank erfolgt gegen das systemkonforme untere Anschlussprofil.

Beim Holzprofil wird der Versatz durch einen Falz gebildet, der schon immer in den Vorgaben zur Profilausbildung nach DIN 68121 *Holzfensterprofile* [28] enthalten war. Zwischen der Aufkantung und der Falzanlage am hölzernen Blendrahmenprofil wird ein systemkonformes Dichtprofil eingefügt (Bild 78).

Wird bei der Fenstererneuerung mit PVC-Fensterprofilen das unterseitige Anschlussprofil nicht eingebaut, entsteht eine Schwachstelle in der Wettersperre, da durch das direkte Anschrauben über die Aufkantung der Alu-Fensterbank zum Blendrahmenprofil eine undichte Spaltfuge entsteht (Bild 79). Vom Fenster abfließendes Wasser kann über die Spaltöffnung in den Baukörper eindringen. Abschlussprofile unter dem Blendrahmen sind bei PVC-Fenstern üblich. Sie sind für einen fachgerechten Anschluss erforderlich und daher in der Planung zu berücksichtigen.

Wenn kein Anschlussprofil unter dem Blendrahmen vorgesehen ist, kann eine Spaltöffnung vermieden werden, indem ein systemkonformes Dichtprofil auf die Aufkantung geschoben wird. Gelockerte Wetterschutzschienen bilden keinen ausreichenden Widerstand für die Anlage der Dichtung und können somit die vorgesehene Dichtfunktion nur bedingt erfüllen.

Bei einer Ausführung der Alu-Fensterbank, wie in Bild 79 dargestellt, ist eine zweite Dichtungsebene unter der Fensterbank erforderlich. Die zweite Dichtungsebene besteht aus einer Dichtfolie, die auf der vorhandenen horizontalen Fenster-

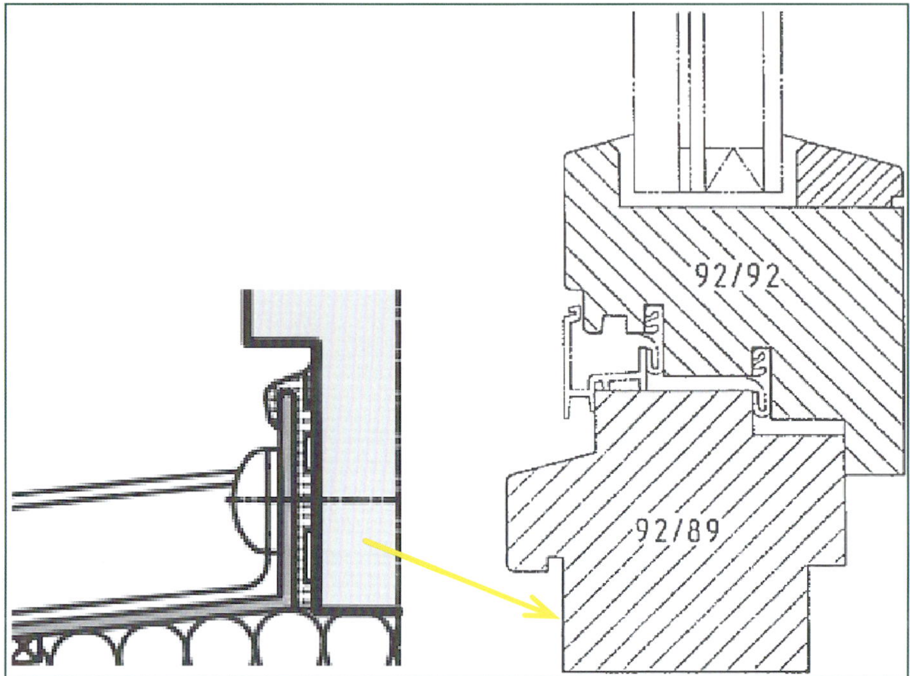

Bild 78: Sollzustand: Das Dichtprofil wird beim Holzfenster mit der Aluaufkantung zwischengesetzt, um eine Kapillarfuge zu vermeiden.

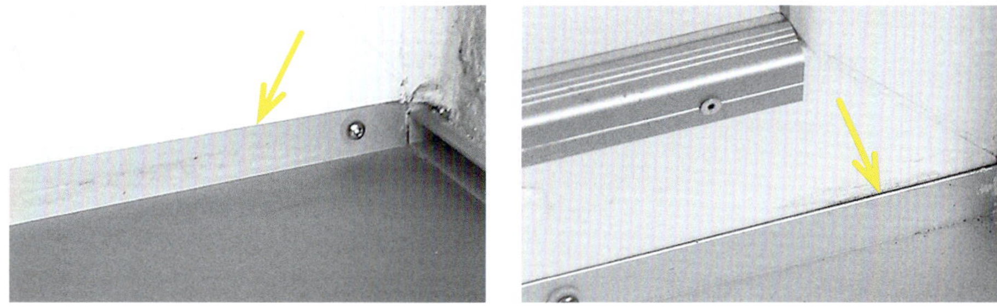

Bild 79: Spaltfuge an der Aufkantung

laibung mit partieller Klebstelle aufgeklebt wird. Dabei können bauseitige Unebenheiten und der Übergang, insbesondere an den Enden, zu einer welligen Folienlage führen. Die Gegenüberstellung möglicher Istzustände wie in Bild 80 mit dem Sollzustand nach Bild 81 zeigt, dass gewisse Abweichungen in der Ausführung nicht zu vermeiden sind.

Bild 80: Istzustand der Folienlage für die zweite Dichtebene unter der Alu-Fensterbank

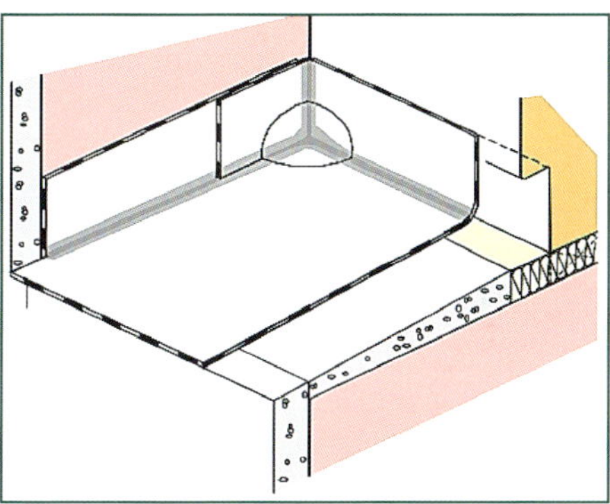

Bild 81: Theoretischer Sollzustand der Folienlage für die zweite Dichtebene [38]

Die Alu-Fensterbank sollte auch bei der Fenstererneuerung mit einer Neigung von mindestens 5° angebracht werden [38], was mit einem Neigungsmesser (Bild 82) überprüft werden kann. Vielfach entstehen Situationen, in denen die Fensterlaibung in Verbindung mit dem neuen Fenster eine Ausführung der Fensterbank mit dem geforderten Gefälle praktisch nicht vollständig erlaubt. Neigungen gegen 0° wie in Bild 83 sind nicht zu akzeptieren, jedoch sind Neigungen im Bereich um 3°

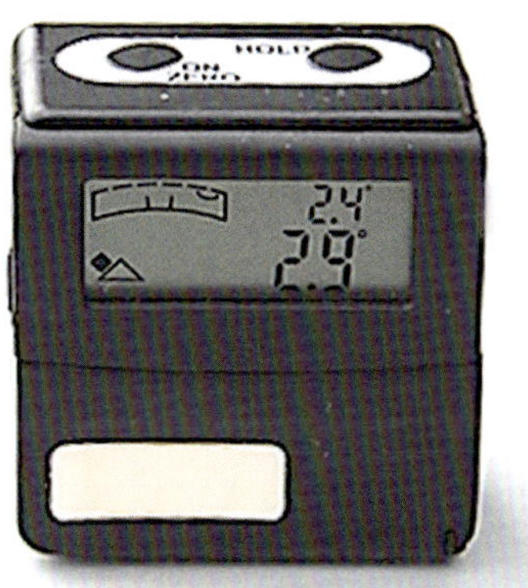

Bild 82: Neigungsmesser zur Überprüfung des Gefälles der Fensterbank bei der Montage

Bild 83: Fehlerhafter Einbau einer Fensterbank ohne Neigung

nach Abwägung je nach der Gebäudelage noch hinnehmbar, wenn die zu erwartende Witterungsbelastung gering ist.

Die Vorderkante der Fensterbank sollte einen Überstand zur Wandfläche haben, damit Durchfeuchtungen an den Wandflächen des Gebäudes durch von der Fensterbank abfließendes Wasser möglichst vermieden werden. Der baupraktische Überstand von ca. 3 bis 5 cm ist bei der Planung der Fensterbank als erforderliche Größe zu berücksichtigen (Bild 84).

Zur Überprüfung der Neigung und des Überstands zur Fassade kann die Fensterbank mit einer simulierten Regenprobe (Bild 85) belastet werden. Anhand des Ablaufverhaltens des Wassers kann die Bewertung zum Einbauzustand der Fensterbank getroffen werden.

Bild 84: Optimaler Überstand der Alu-Fensterbank zur Wandfläche

Bild 85: Die Wasserprobe zeigt die Funktionsfähigkeit der Fensterbank.

Auch Alu-Fensterbänke unterliegen temperaturbedingten Längenänderungen, die je nach Einbausituation Zwangsbeanspruchungen hervorrufen. Die Zusammenhänge sind in Bild 86 zusammenfassend dargestellt.

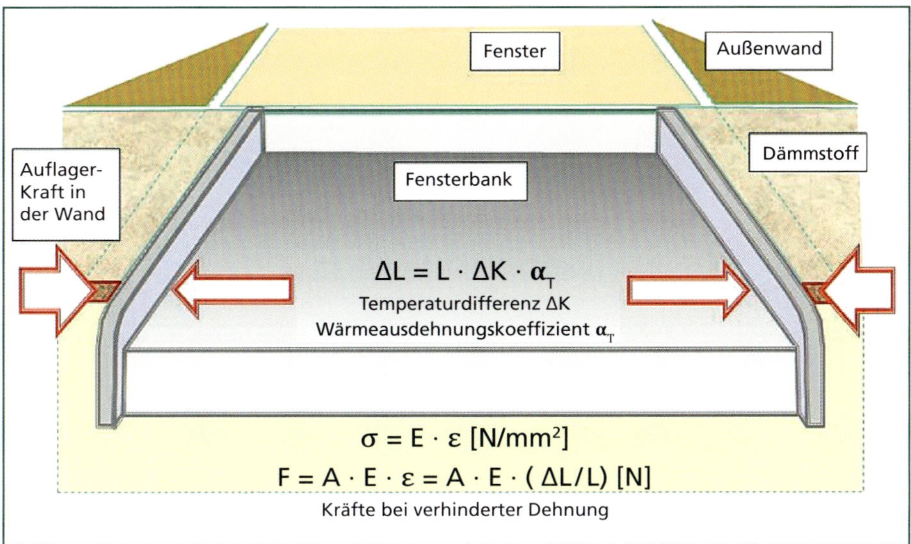

Bild 86: Wärmedehnung einer Fensterbank und dabei wirkende Kräfte [53]

Bei einem starren Widerstand der Endstücke der Fensterbank zum Baukörper können erhebliche Kräfte aus behinderten Dehnungen auftreten. Entscheidend ist hierbei, dass die temperaturbedingten Längenänderungen schadlos an den Endstücken der Fensterbank aufgenommen werden. Ist dies nicht der Fall, treten durch die behinderten Dehnungen partielle Putzabplatzungen auf, die zu Spaltöffnungen im Übergang von Putz und Endstück der Fensterbank führen. Über die aufgeplatzte Fuge zwischen Baukörper und Fensterbankende kann in der Folge Wasser in den Baukörper eindringen. Um dies zu vermeiden, ist eine elastische Zwischenschicht erforderlich, die die Bewegungen zwischen Fensterbankende und Baukörper aufnimmt. Diese physikalische Notwendigkeit wird baupraktisch nicht immer umgesetzt. Die Beispiele in Bild 87, Bild 88 und Bild 89 zeigen anstrichbehandelte Putzfassaden, bei denen die Endstücke der Fensterbank ohne einen

Bild 87: Angeputzte Endstücke mit Rissbildungen im Übergang zum Baukörper

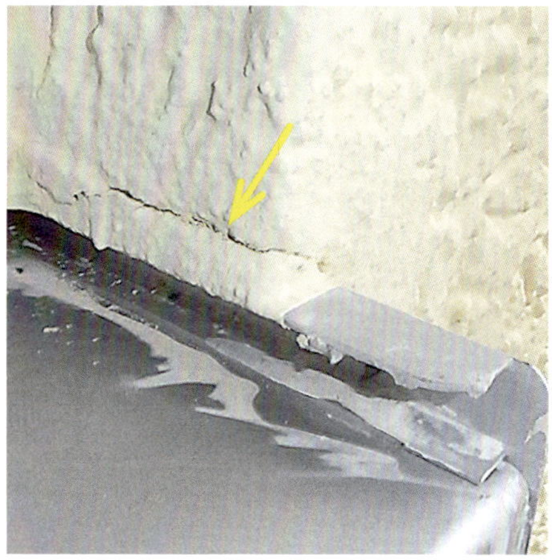

Bild 88: Eingeputzte Endstücke mit Rissbildungen im Übergang zum Baukörper

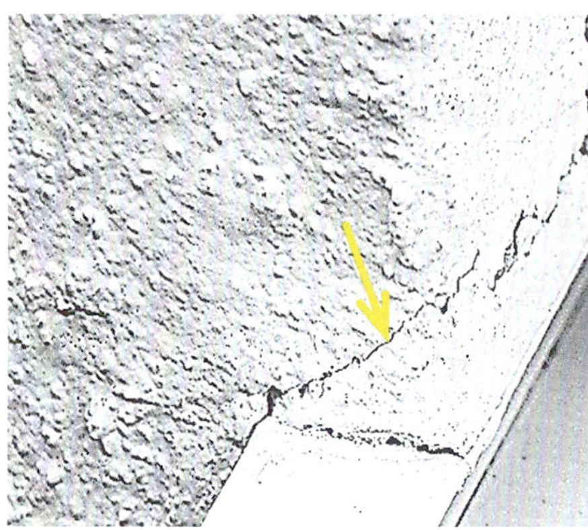

Bild 89: Je nach Lage und Breite der Risse kann bei Schlagregen Wasser in die Bausubstanz eindringen.

Dehnungsausgleich ein- oder angeputzt wurden. An allen Übergängen vom Endstück zur Putzschicht haben sich Risse unterschiedlicher Intensität gebildet. Es liegen Kapillarfugen vor, durch die bei Schlagregen Wasser in die Bausubstanz eindringen und örtliche Durchfeuchtung hervorrufen kann.

Bei der Fenstererneuerung kommen oftmals Ausbrüche in der außenseitigen Fensterlaibung vor, die nach der Installation der neuen Fensterbank instand gesetzt werden müssen (Bild 90). Das Füllen der Fehlstelle mit Putzmörtel erzeugt einen starren Verbund zwischen dem Endstück der Alu-Fensterbank und der Putzschicht (Bild 91). Bei dieser Ausführung entstehen bereits nach den ersten thermisch bedingten Bewegungen Putzrisse oder Abplatzungen an der nachgearbeiteten Fensterlaibung.

Für die Aufnahme der Bewegung zwischen dem Endstück der Alu-Fensterbank und dem Baukörper ist zwingend eine elastische Zwischenfuge erforderlich. Hier-

Bild 90: Zustand vor den Beiputzarbeiten

Bild 91: Zustand nach den Beiputzarbeiten führt zu einer starren Verbindung, mit der Folge von Rissbildungen.

zu ist die Länge der Alu-Fensterbank so zu bemessen, dass eine Fuge zwischen der fertigen Putzschicht und dem Endstück der Alu-Fensterbank entsteht. Diese Fuge kann mit einem Dichtstoff auf einem Hinterfüllband abgedichtet werden. Damit entsteht eine elastische Pufferzone zwischen dem Endstück und der Fensterlaibung zur Aufnahme von temperaturbedingten Bewegungen. Mit einem geeigneten Dichtsystem an den Endstücken können die Bewegungen ausgeglichen und Spaltöffnungen vermieden werden. Die Erfahrung zeigt, dass die fachgerechte Ausführung der Dichtstofffuge nicht immer gelingt. Der Ausführende füllt die Fuge, die sich im Übergang vom Endstück der Fensterbank zur vorhandenen Putzschicht aus der örtlichen Gegebenheit bildet, mit Dichtstoff. Die Ausführungsqualität wird durch die unebenen Putzhaftflächen beinträchtigt (Bild 92).

Bild 92: Auf rauen Putzflächen gelingt die Dichtstofffuge oft nicht in der gewünschten Qualität.

Mit der Fenstererneuerung ist in vielen Objekten auch eine wärmetechnische Verbesserung der Außenfassade mit einem Wärmedämmverbundsystem (WDVS) verbunden. Das WDVS verkleidet auch die außenseitige Fensterlaibung, wobei mit dem WDVS ein Anschluss zum Fensterprofil und zu den Endstücken der Alu-Fensterbank entsteht. Für die elastische Zwischenschicht vom WDVS zum Endstück der Fensterbank bilden eingelegte, vorkomprimierte Dichtbänder einen dichten Abschluss, der geeignet ist, auch temperaturbedingte Bewegungen der Alu-Fensterbank über das Endstück aufzunehmen (Bild 93).

Bild 93: Istzustände der Anschlüsse zwischen WDVS und Endstück. Zum Nachweis der elastischen Zwischenschicht erfolgt eine Bauteilöffnung.

Für eine funktionsfähige Ausführung der Alu-Fensterbank bei der Fenstererneuerung ist die örtliche Fensterlaibung ein wesentliches Erfolgskriterium. Die Zuarbeit der anderen Gewerke, wie Putzarbeiten und WDVS-Arbeiten, bestimmen den Endzustand an den Endstücken der Alu-Fensterbank. Eine Koordination der Arbeiten ist hierzu erforderlich, wobei die Zuständigkeit in Abhängigkeit der Fenstererneuerung im Einfamilienhaus, in der Eigentumswohnung oder an der Großfassade unterschiedlich festzulegen ist.

Erkenntnisse aus Gutachten zeigen, dass der Istzustand der eingebauten Fensterbänke bei der Fenstererneuerung vielfach vom theoretischen Sollzustand gemäß der verschiedenen Regelwerksanforderungen abweicht (Bild 94, Bild 95). Die Planvorgaben der Regelwerke können je nach Einbausituation in der Praxis nicht immer zufriedenstellend umgesetzt werden. Bei der Bewertung der ausgeführten Arbeit ist vorrangig zu prüfen, ob die Alu-Fensterbank ihre Funktion als Regensperre erfüllt, obwohl erkennbare Regelwerksabweichungen vorliegen.

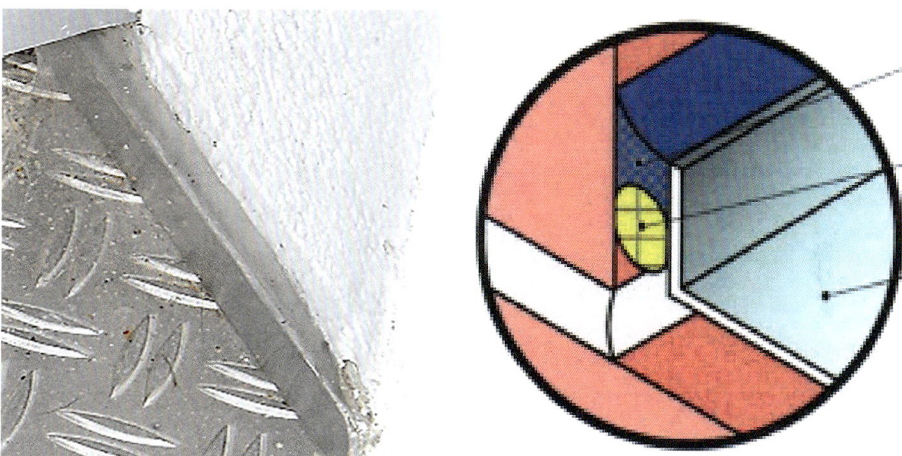

Bild 94: Ausgeführter Istzustand einer Dichtstoffabdichtung am Endstück der Fensterbank im Vergleich zum theoretischen Sollzustand aus [38]

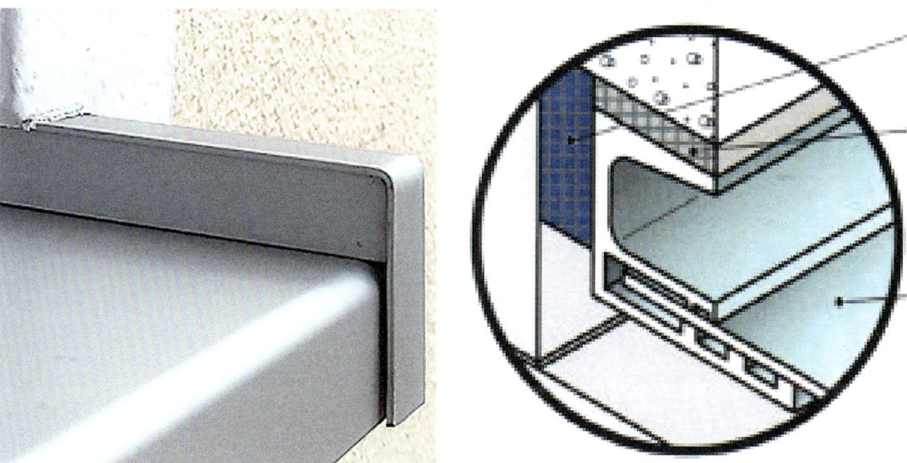

Bild 95: Vergleich eines ausgeführten Istzustands zum theoretischen Sollzustand aus [38] einer Abdichtung am Endstück der Fensterbank mit vorkomprimiertem Dichtungsband

12 Der untere Anschluss an der Fenstertür

Bei der Fenstererneuerung bilden Fenstertüren mit Ausgang zu Balkon oder Terrasse (sprachgebräuchlich auch Balkon- beziehungsweise Terrassentüren) im unteren Anschluss an den Baukörper eine objektspezifische Situation. Zur Klärung der erforderlichen Abdichtungsarbeiten ist vor der Erneuerung der Fenstertür eine besondere Istaufnahme des Altzustandes mit Betrachtung der örtlichen bauseitigen Verhältnisse erforderlich. Auch beim Ausbau der Altfenstertür ist eine besondere Rücksicht auf den Erhalt der Bausubstanz und insbesondere der Putzschichten zu legen. Manche handwerklichen Ausführungen berücksichtigen diese Vorgabe nicht, wie die Beispiele in Bild 96 zeigen.

Im Bereich der bodentiefen Fenstertüren sind eine Vielzahl an theoretischen Vorgaben zu den Abdichtungen zu beachten, die in der DIN 18195 Bauwerksabdichtungen [13] oder in den Flachdachrichtlinien [39] vorgegeben werden. Bei barrierefreien Wohnungen, mit möglichst bodenbündiger Schwellenausbildung, sind die Vorgaben nach DIN 18040-1 [11] und DIN 18040-2 [12] für das barrierefreie Bauen zu beachten.

Auch diese Richtlinien lassen sich im Bestand nicht immer anwenden. Eine Abdichtungsschicht von ca. 150 mm über der Oberkante des Terrassenbelages, wie es

Bild 96: Kräftige Handarbeit mit Hammer und Meißel ist für den fachgerechten Einbau einer Fenstertür nicht unbedingt das Mittel zum Erfolg.

Bild 97: Liegt wie hier eine Abdichtschicht in ausreichender Höhe über dem Terassenbelag vor, kann eine Fenstertür im Bestand regelkonform erneuert und abgedichtet werden.

die Regelwerke vorgeben, liegt nur selten vor. Das Beispiel in Bild 97 bildet eher eine Ausnahme. Hier ist die 150-mm-Abdichtungsschicht vorhanden, sodass die neue Fenstertür mit einer verzinkten Verblechung relativ einfach auf die vorhandene Bausituation aufgebaut werden kann. Eine Abdichtung lässt sich hier fachgerecht ausführen.

In vielen Fällen müssen im Bestand Kompromisse zwischen der Sollausführung und der handwerklichen Machbarkeit unter den örtlichen Verhältnissen gemacht werden, mit dem Ziel einer möglichst funktionsfähigen Ausführung. Da die Bausituation der Fensteröffnung vorgegeben ist und sich nur bedingt verändern lässt, muss sich die Fenstertürerneuerung danach richten.

In vielen Fällen ist festzustellen, dass bei der Kunststofffenstertür das untere Adapterprofil nicht eingebaut wird. Dies wird damit begründet, dass mit der entstehenden Breitenvergrößerung des unteren Profilbereichs eine mögliche Stolperschwelle entsteht. Diese Situation hat aber zur Folge, dass auf der Außenseite der direkte Anschluss der Fensterbank zur Türschwelle einen Schwachpunkt in der Dichtheit bildet. Ebenso finden sich viele örtliche Ausführungen, bei denen die Fensterbank direkt in die seitlichen Fensterlaibungen eingreift und von der Putzschicht überdeckt wird. Beide Ausführungen sind fehlerhaft, da sich im Gebrauchszustand Putzabplatzungen ergeben und über die Spaltöffnungen im Putzbereich und im undichten Anschluss der Fensterbank Wasser in den Baukörper eindringen kann. Typische negative Ausführungen zeigen die Beispiele in Bild 98 und Bild 99.

Die Alu-Fensterbank kann bei wenig benutzten Fenstertüren eingebaut werden, wenn keine ständige Trittbelastung zu erwarten ist. Die Eigenfestigkeit der Alu-

Bild 98: Fehlerhafter Fensterbankanschluss im Putz und zum Blendrahmen

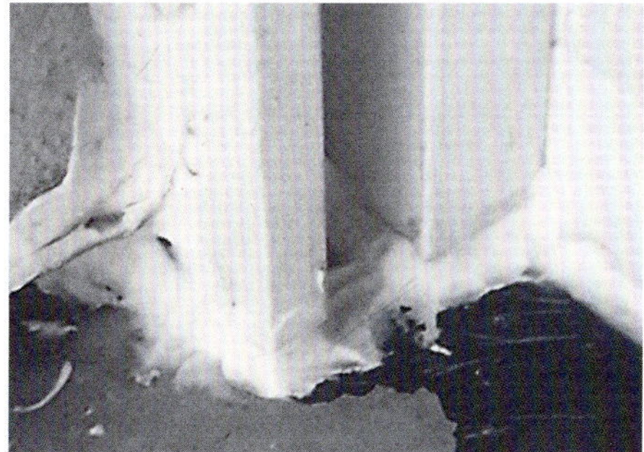

Bild 99: Fehlerhafte Verwendung von Dichtstoff

Bild 100: Fachgerechter Einbau einer Alu-Fensterbank bei der Erneuerung der Fenstertür im Bestandsbau

Fensterbank kann aufgrund der relativ dünnen Materialstärke eine Verformung beim Auftreten nicht verhindern.

Bei Fenstertüren mit Ausgang zu einer Terrasse bildet die Alu-Fensterbank zwangsläufig auch eine begehbare Trittschwelle (Bild 100, Bild 103). Um Verformungen zu vermeiden, ist ein trittfester Untergrund notwendig. Andernfalls ergeben sich Situationen wie in Bild 101 oder Bild 102 dargestellt. Bei der Fenstererneuerung

Bild 101: Ungeeigneter Unterbau für die Trittschwelle

Bild 102: Ungeeigneter Unterbau für die Trittschwelle

Bild 103: Bei manchen Fenstertüren muss die Alu-Fensterbank als Trittschwelle geeignet sein.

Bild 104: Fachgerechter Einbau eines begehbaren Riffelblechs für den Ausgang zur Terrasse

sind in der Regel im Bestand entsprechende Zusatzarbeiten erforderlich, die an die örtliche Situation anzupassen sind.

Besser als eine Alu-Fensterbank eignet sich für Terrassenausgänge im Bestand der Einbau begehbarer Riffelbleche (Bild 104) als weiterführende Trittschwelle. Die Riffelung kann die Ausrutschgefahr beim Betreten mindern.

In vielen Bausituationen muss das Blendrahmenprofil im Türschwellenbereich einen ausreichenden Schutz gegen Schlagregen und kurzfristig angestautes Bodenflächenwasser bilden. Fehlerhafte Ausführungen von außenseitigen Abdichtungen an der Türschwelle zum Bestandsboden lassen keinen sicheren Schutz gegen Feuchteeinwirkungen erwarten (Bild 105, Bild 106 und Bild 107).

Bild 105: Fehlerhafte Abdichtungen zum Bestandsboden

Bild 106: Fehlerhafte Abdichtungen zum Bestandsboden

Bild 107: Sollzustand der Abdichtung der Anschlussfuge mit Dichtstoff

Bausituationen im Bereich der Fenstertüren mit Ausgang zur Terrasse können im Bestand sehr unterschiedlich sein. Lässt sich der Platten-Bodenbelag der Terrasse teilentfernen, kann die Abdichtungsebene bis zum Baugrund erfolgen. Hier können Flüssigabdichtungen mit eingelegtem Gitternetz eingebracht werden, um große Fugen an unterschiedlichen Haftflächen zu schließen. Dabei ist auf eine fachgerechte Verarbeitung zu achten, Flüssigabdichtungen für den unteren Bereich von Fenstertüren mit Ausgang zur Terrasse oder Balkon sind auf den ersten Blick problemlos anwendbar (Bild 108). Sie funktionieren jedoch nur, wenn die unterschiedlichen vorhandenen Haftflächen eine zuverlässige und dauerhafte Verbindung mit der Flüssigabdichtung gewährleisten (Bild 109). Dies ist nicht immer gegeben. Die Hauptursache für Ablösungen sind eine unzureichende Vorbehandlung des Untergrunds, zu geringe Klebebreiten und Bewegungen nach Fertigstellung (Bild 110). Die Flüssigabdichtung hat als Kombinationsabdichtung für unterschiedliche Materialien teilweise nur eine eingeschränkte Eignung und kann eine dauerhafte Abdichtung nur begrenzt sicherstellen. Es ist deshalb vorher zu klären, ob die Verarbeitung des ausgewählten Produkts der Flüssigabdichtung für die Anwendung geeignet ist.

Bild 108: PSK-Türelement abgedichtet mit Flüssigabdichtung in der Anschlussfuge auf der Außenseite

Bild 109: Unsauber ausgeführte Abdichtung der Anschlussfuge am Fenster-Türelement im Terrassenbereich mit Flüssigkunststoff

Bild 110: Haftversagen einer außenseitigen Flüssigabdichtung am Aluminiumprofil bei einem unteren Anschluss zur Terrasse

Bild 111: Mit einer außenseitigen simulierten Regenbelastung lässt sich die Dichtheit der Anschlussfuge überprüfen.

Die Wirksamkeit der ausgeführten Anschlussfuge in der Funktionsebene 3 lässt sich mit einer Wasserbesprühung als simulierte Regenbelastung sehr gut überprüfen (Bild 111), auch wenn dieses Verfahren nicht genormt ist.

13 Fenstererneuerung und das Wärmebrückenproblem

Bei Bestandsgebäuden aus früheren Zeiten bis in die 1970er- und 1980er-Jahre wurde beim Mauerwerksbau primär auf festigkeitstechnische Eigenschaften geachtet. Wärmetechnisch haben diese Gebäude meist ungünstige Kennwerte. Der Wärmedurchgangskoeffizient U_{AW} des damals üblichen monolithischen Mauerwerks liegt beispielsweise bei $U_{AW} \geq 1{,}0$ W/m²K und damit weit über dem Wert von heutigen Mauerwerkswänden ($U_{AW} \geq 0{,}20$ W/m²K). Zudem sind bei Bestandsgebäuden oft konstruktive Wärmebrücken vorhanden, bei denen der heute erforderliche Temperaturfaktor von $f_{Rsi} \geq 0{,}70$ nur bedingt zu erreichen ist. Um diesen f_{Rsi}-Wert im Bestandsbau im Fensterbereich zu erreichen, sind Wärmedämmmaßnahmen an der Außenseite, in der Regel das Aufbringen eines Wärmedämmverbundsystems (WDVS), als mögliche Verbesserung erforderlich. Die praktischen Erfahrungen zeigen jedoch, dass die Fenstererneuerung im Rahmen einer Fassadensanierung oftmals zunächst eigenständig erfolgt und die Fassadendämmung erst zu einem späteren Zeitpunkt ausgeführt wird.

Zu den Wärmebrücken im Anschlussbereich zwischen Fenster und Baukörper ergeben sich folgende Betrachtungen. In DIN 4108-2 *Wärmeschutz und Energie-Einsparung in Gebäuden; Mindestanforderungen an den Wärmeschutz* [27] sind die Mindestanforderungen an die Wärmedämmung von Bauteilen sowie im Bereich von Wärmebrücken in der Gebäudehülle von Hochbauten festgelegt. Diese Anforderungen gelten unter anderem auch für neue Bauteile in bestehenden Gebäuden. In Abschnitt 6.2.1 der Norm heißt es: » (…) *An den Schnittstellen zwischen Fensterelement und Baukörper ist der Temperaturfaktor* $f_{Rsi} \geq 0{,}70$ *einzuhalten.*« [27].

Der Temperaturfaktor f_{Rsi} wird nach DIN EN ISO 10211 ermittelt. Der Index Rsi steht für den der Berechnung zugrunde gelegten raumseitigen Wärmeübergangswiderstand R_{si}.

Der Temperaturfaktor ergibt sich zu:

$$f_{Rsi} = \frac{\Theta_{si} - \Theta_e}{\Theta_i - \Theta_e}$$

Dabei ist

Θ_{si} = die raumseitige Oberflächentemperatur

Θ_i = die Innenlufttemperatur

Θ_e = die Außenlufttemperatur

Wird die Anforderung an den Temperaturfaktor mit $f_{Rsi} \geq 0{,}70$ erfüllt, ist eine Oberflächentemperatur am raumseitigen Übergang unter den vorgegebenen Bedingungen von 12,6°C vorhanden. Bei einer Raumlufttemperatur von 20 °C und 50 % Luftfeuchte beträgt die Taupunkttemperatur 9,3 °C und die schimmelpilzkritische Temperatur liegt bei 12,6 °C. Diese Mindestoberflächentemperatur wird mit der sogenannten 13°-Isotherme durch komplexe Berechnungen unter Berücksichtigung der Materialeigenschaften und der konstruktiven Ausführung ermittelt.

Bei einer Außenlufttemperatur von –5°C entsteht folgender Zusammenhang:

$$f_{Rsi} = \frac{12{,}6 - (-5)}{20 - (-5)} = 0{,}70$$

Wird über die Isothermenberechnung im Anschlussbereich der raumseitigen Fensterlaibung der Wert $f_{Rsi} \geq 0{,}70$ ermittelt, kann von einer konstruktiven Wärmebrücke unter den gegebenen Normwerten ausgegangen werden. In diesem Fall ist nicht mit der Gefahr einer örtlichen Tauwasserbildung mit Schimmelbildung zu rechnen. Diese Vorgabe ist bei der raumseitigen Fensterlaibung im Bereich der Anschlussfuge bei der Fenstererneuerung zu beachten. Außenseitiges Anbringen eines Wärmedämmverbundsystems in der Fensterlaibung, wie in Bild 112, führt zu höheren raumseitigen Oberflächentemperaturen und einer Verbesserung des Wärmebrückenzustandes. In diesem Zusammenhang kann die äußere Abdichtung zum Fensterrahmen in der Funktionsebene 3 durch Anputzdichtleisten erfolgen. Damit wird auch eine funktionsgerechte Regensperre erreicht.

Bei der Fenstererneuerung ergibt sich somit die Sollvorgabe, dass die außenseitige Fensterlaibung mit einem WDVS zu verkleiden ist, damit im Anschlussfugenbereich der Temperaturfaktor von $f_{Rsi} \geq 0{,}70$ entsteht.

Diese Betrachtungen stehen im Zusammenhang mit der Entstehung von Schimmelpilzen als Folge eines Tauwasserbelags auf Bauteiloberflächen. Die Ursache

Bild 112: Beispiel einer Laibungsverkleidung mit dem WDVS im Anschluss an den Blendrahmen; die Bauteilöffnung war zum Nachweis der bauseitigen Situation unter dem WDVS erforderlich.

Bild 113: Beispiel für Schimmelbildung an den Schnittstellen zwischen Fensterelement und Baukörper

für Tauwasserbildung liegt im Allgemeinen in einer Unterschreitung der Taupunkttemperatur. Das in der Luft enthaltene Wasser kondensiert beim Auftreffen auf kalten Profiloberflächen und führt zu einem Tauwasserbelag. Auf geeigneten Nährböden, wie z. B. Putzflächen in der Fensterlaibung oder dünnen Staub- und Schmutzschichten, bildet Tauwasserbelag die Basis für die Entstehung von Pilzen. Da Tauwasserbefall während der kalten Jahreszeiten wiederkehrend auftritt, kann sich das Myzel mit den fadenförmigen Zellen zu einem flächigen Pilzbelag formieren (Bild 113).

Im Bestandsbau sind oft Eckfenster oder Fenstertüren im Eckübergang zu erneuern. Der untere raumseitige Bereich bildet meistens einen wärmetechnischen Schwachpunkt, bei dem die Forderung von $f_{Rsi} \geq 0{,}70$ in der Regel nicht zu erfüllen ist. Der Versuch, mit zusätzlichen Eckleisten die Dämmung zu verbessern,

Bild 114: Tauwasserbildung an Eckfenstern führt zu Schimmelbildung.

um höhere Oberflächentemperaturen zu erreichen, gelingt nur selten. Bei diesen Eckbereichen liegen konstruktive Wärmebrücken vor. Im Eckbereich bildet sich Tauwasser und in der Folge entsteht ein Schimmelbelag (Bild 114). Als effektive Maßnahme bietet sich nur die außenseitige Verbesserung der Wärmedämmung durch Maßnahmen, die mit dem Fenstersystem konform sind.

14 Der Fensterfalzlüfter, die Lösung gegen Schimmel?

In der Fenstererneuerung kommen vorwiegend Kunststofffenster zum Einsatz. Moderne Kunststofffenster aus PVC-Profilen haben zwei oder drei umlaufende Dichtungen zur Sicherstellung der Dichtheit gegen Wind und Regen. Bei Fenstersystemen mit zwei Dichtebenen befindet sich im Blendrahmenüberschlag und im Flügelüberschlag jeweils eine umlaufende Dichtung. Bei Fenstersystemen mit Mittelsteg befindet sich dort eine zusätzlich dritte Dichtung, die sogenannte Mitteldichtung. Mit diesen Dichtungsebenen bildet das Kunststofffenster einen hohen Widerstand hinsichtlich der Luftdurchlässigkeit, die im Laborversuch nach DIN EN 12207 *Fenster und Türen – Luftdurchlässigkeit* [30] mit simulierter Windbeanspruchung ermittelt wird. Bei geringer Windbelastung in einem Bereich des Staudruckes von unter 50 Pa sind Kunststofffenster praktisch luftdicht, mit einer kaum messbaren Luftdurchlässigkeit. Ein Luftaustausch zwischen Raumluft und Außenluft findet somit beim geschlossenen Kunststofffenster in diesem Bereich nicht statt. Ein Grundluftwechsel ist somit nicht mehr gegeben.

Die Energieeinsparverordnung EnEV [7] und das Gebäudeenergiegesetz GEG [3] fordern zusätzlich zur luftdichten Gebäudehülle einen hygienisch und bauphysikalisch erforderlichen Luftwechsel. In § 6 (2) der ENEV heißt es: »*Ein Gebäude ist so zu errichten, dass die wärmeübertragende Umfassungsfläche einschließlich der Fugen dauerhaft luftundurchlässig nach den anerkannten Regeln der Technik abgedichtet ist. Zu errichtende Gebäude sind so auszuführen, dass der zum Zweck der Gesundheit und Beheizung erforderliche Mindestluftwechsel sichergestellt ist.*«

Zur Umsetzung ist ein kontrolliertes und nutzerunabhängiges Lüftungskonzept erforderlich, wie sich aus DIN EN 1946-6 *Lüftung von Wohnungen* [24] ergibt. Mit einer kontrollierten Lüftung soll der Anstieg der Raumfeuchtigkeit gemindert werden, um mögliche Schimmelbildung zu verhindern. Aus unterschiedlichen Fensterlüfter-Konzepten hat sich der Fensterfalzlüfter entwickelt, der primär bei Kunststofffenstern im Wohnungsbau zum Einsatz kommt.

Das Lüftungsprinzip arbeitet beim geschlossenen und verriegelten Fenster nutzerunabhängig, auf der Basis von unterschiedlichen Klimabedingungen zwischen Außenseite und Raumseite. In Bild 115 ist das Prinzip beispielhaft an einem üblichen Fensterfalzlüfter grafisch dargestellt. Über definierte Spaltöffnungen in der Außendichtung strömt Außenluft in den Falzbereich ein und über den Fensterfalzlüfter zur Raumseite aus. Dabei wird der Falzbereich als Lüftungsweg genutzt. Der Fensterfalzlüfter befindet sich im oberen Bereich des Blendrahmens, sodass die ausströmende, kältere Luft in den oberen Raumbereich einfließt und sich mit der Raumluft vermischt. Es entsteht ein kontinuierlicher Lüftungskreislauf, der zu einer gemäßigten Feuchteabfuhr aus der Raumseite führt.

Bild 115: Funktionsprinzip eines Fensterfalzlüfters

Eine nutzerunabhängige Fensterlüftung über den Fensterfalzlüfter ist eine einfache Möglichkeit, den Feuchteanstieg der Raumluft zu minimieren. Beim Kunststofffenster im Wohnungsbau werden Fensterfalzlüfter häufig angewendet. Dabei ist der Fensterfalzlüfter ein Sonderartikel, der in der Regel bei der Fensterbestellung extra vereinbart werden muss.

Der Markt bietet eine Vielfalt an Fensterfalzlüftern für Kunststofffenster und Holzfenster an. Eine Auswahl typischer Beispiele zeigt Bild 116. Gemäß den Vorgaben des Systemanbieters können neben einem einzelnen Fensterfalzlüfter auch doppelt angeordnete Fensterfalzlüfter zur Anwendung kommen.

Bild 116: Beispiele für Fensterfalzlüfter in verschiedenen Anwendungsfällen

Die Funktion des Fensterfalzlüfters beruht auf einer eingebauten Klappe. In Normalstellung steht die Klappe offen und die Luft kann ungehindert zirkulieren. Bei höheren Windgeschwindigkeiten verschließt die Klappe den Luftkanal automatisch. Der Fensterfalzlüfter arbeitet dabei vollkommen selbstständig.

Für den Luftaustausch über den Fensterfalzlüfter ist die Dichtung je nach System auszuklinken, damit die Luftströmung zur Raumseite erfolgen kann. Bild 117 zeigt eine typische Ausführung.

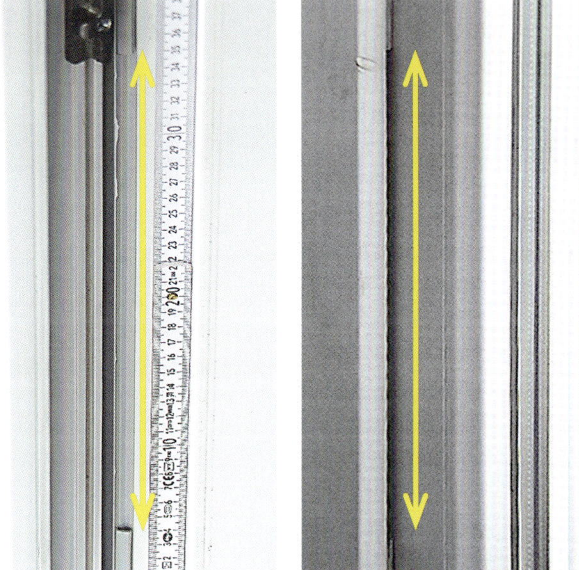

Bild 117: Erforderliche Ausklinkung der Dichtung auf einer Länge von ca. 30 cm; links geöffneter Flügel, rechts geschlossener Flügel

Neben den Vorteilen gibt es jedoch in der praktischen Anwendung auch Nachteile, die sich erst im Laufe der Nutzungszeit bemerkbar machen. Im Rahmen von Sachverständigengutachten haben sich hierzu folgende Erkenntnisse ergeben:

1. Über den Nutzungszeitraum entsteht durch die Luftbewegung im Fensterfalzlüfter eine Schmutzablagerung, wie Bild 118 beispielhaft zeigt. In diesem Zustand ist die integrierte Verschlussmechanik in ihrer Bewegungsfunktion gestört, womit die automatische Abdichtung bei Windbelastung durch die Klappen behindert wird. Raumseitige Zugerscheinungen bei Windanfall sind die Folge.

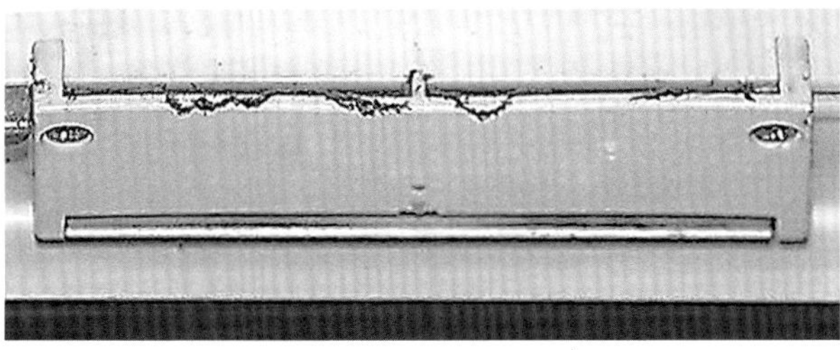

Bild 118: Im Laufe der Nutzung entstehen Schmutzablagerungen, wodurch die Klappenfunktion gestört wird.

2. Außer der Verschmutzung können auch temperaturbedingte Materialverformungen des Fensterfalzlüfters auftreten (Bild 119). Die Funktion der integrierten Verschlussmechanik wird behindert, womit raumseitige Zugerscheinungen bei Windanfall entstehen.

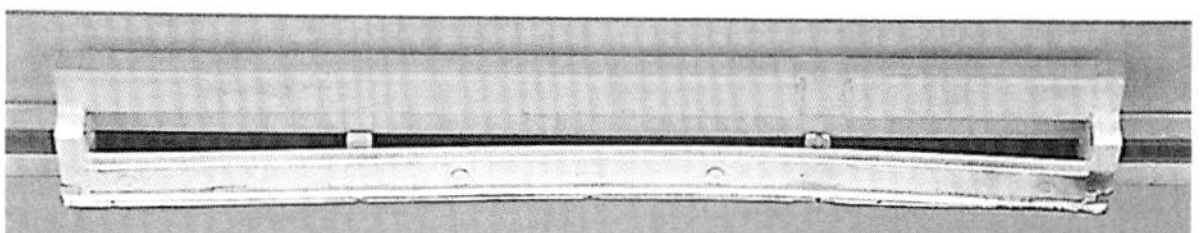

Bild 119: Im Laufe der Nutzung können Verformungen entstehen, wodurch die Klappenfunktion gestört wird.

3. Für die Funktion des Fensterfalzlüfters muss die außenseitige Dichtung am Blendrahmenüberschlag an den vertikalen Längsseiten nach Systemvorgabe partiell ausgeklinkt werden. Über diese Spaltöffnung dringt die Außenluft in den Falzbereich ein. An der Ablagerung an der Profilwandung in Bild 120 ist der Weg der Luftbewegung durch Schmutzablagerungen zu erkennen, als Zeichen für die Funktion des Luftaustausches.

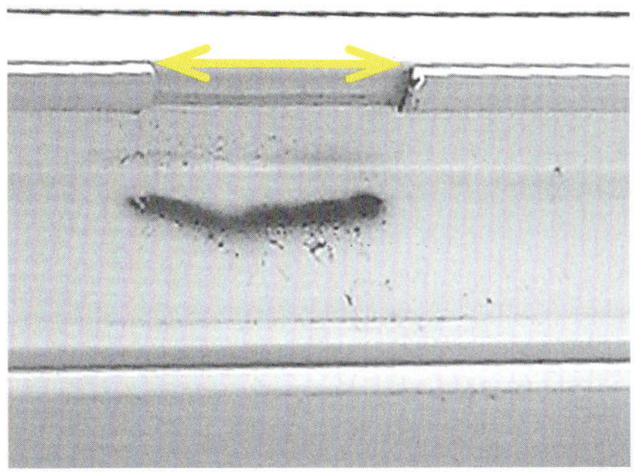

Bild 120: Schmutzablagerungen im Falzbereich, wo die Dichtung ausgespart ist

4. Die nutzerunabhängige Fensterfalzlüftung erfolgt über das geschlossene Fenster. Dies führt dazu, dass der Nutzer das Fenster über einen langen Zeitraum nicht öffnet. Hier entsteht der Trugschluss, dass das manuelle Öffnen der Fenster entfallen kann. Dies hat jedoch schwerwiegende Auswirkungen.
   Durch einströmende kalte Außenluft entsteht eine partielle Abkühlung der Profilwandungen im Falzbereich. Dabei kann nicht ausgeschlossen werden, dass die Oberflächentemperatur die Taupunkttemperatur unterschreitet. Partielles Tauwasser an Profiloberflächen entsteht und infolgedessen tritt Schimmelbelag auf. Bild 121 zeigt einen extremen Zustand im Falzbereich nach dem Öffnen eines Fensterflügels, der über viele Monate verschlossen war.

Bild 121: Tauwasserbildung im Falzbereich führt zu Schimmelbildung beim geschlossenen Fenster mit Fensterfalzlüfter.

5. Viele Nutzer empfinden die permanente Lüftung über den Fensterfalzlüfter wegen des geringen Luftzugs, der im Raum entsteht, als störend. Diese Situation wird erst nach dem Einbau der neuen Fenster im Bestandsbau festgestellt. Der Luftzug ist zwar ein Zeichen der Wirksamkeit, beim Nutzer kann er aber unerwünscht sein. Als Abhilfemaßnahme findet man abgeklebte oder zugestopfte Öffnungen des Fensterfalzlüfters, wie Bild 122 beispielhaft zeigt. Damit wird der eingebaute Fensterfalzlüfter vom Nutzer stillgelegt.

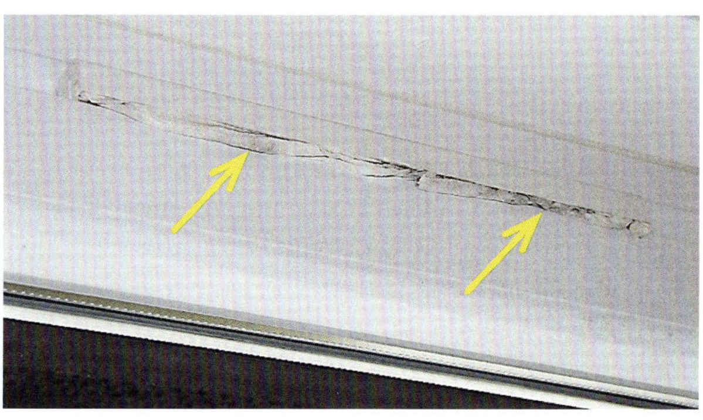

Bild 122: Die Öffnungen des Fensterfalzlüfters wurden zugestopft.

Im Wohnungsbau sind Fensterfalzlüfter bei Kunststofffenstern oder Holzfenstern eine der Möglichkeiten für eine nutzerunabhängige permanente Lüftung. Der Fensterfalzlüfter benötigt im Laufe der Nutzungszeit eine regelmäßige Überprüfung auf seine Funktionsfähigkeit. Beim Öffnen des Fensterflügels werden Veränderungen durch Schmutzablagerungen und eventuell Schimmelbelag im Falzbereich sichtbar, wie die Erkenntnisse 1 bis 5 zeigen. Sie sind ein Zeichen für eine unbedingt erforderliche Reinigungswartung der Falzflächen und des Fensterfalzlüfters.

Fensterfalzlüfter einschließlich des Lüftungskanals müssen in regelmäßigen Abständen einer fachgerechten Reinigungswartung zu unterzogen werden, um die Lüftungsfunktion sicherzustellen.

Fensterfalzlüfter sind nutzerfreundliche Lüftungssysteme, da die Lüftungsvorgänge beim geschlossenen Fenster automatisch erfolgen. Sie werden besonders im Wohnungsbau gerne eingesetzt, damit vom Mieter keine zusätzlichen manuellen Maßnahmen zur Lüftung erforderlich werden.

Da die Klimaverhältnisse in jeder Wohnung durch das Nutzerverhalten unterschiedlich sein können, erscheinen Fensterfalzlüfter allein in vielen Fällen allerdings nicht ausreichend wirksam. Eine gelegentliche manuelle Fensteröffnung zur kurzzeitigen Raumlüftung ist zusätzlich erforderlich. Der beste Lüftungserfolg entsteht bei Durchzug, wenn die Fenster ganz geöffnet werden. Ein dauerhaft gekipptes Fenster bringt keinen nachhaltigen Lüftungserfolg und ist nicht energieeffizient.

Wie oft Mieter manuell lüften müssen, kann der Vermieter nicht vorschreiben. Der Mieter muss jedoch dafür sorgen, dass die manuelle Lüftung in angemessenen Intervallen geschieht.

Mit der Fenstererneuerung in Bestandsbauten ist durch den Energieberater oder den Haustechnikplaner zu klären, ob ein Lüftungskonzept nach DIN 1946-6 [24] erforderlich ist. Die Notwendigkeit dafür kann aus der in § 13 des Gebäudeenergiegesetzes GEG [3] enthaltenen Vorgabe abgeleitet werden » *[...] Öffentlich-rechtliche Vorschriften über den zum Zweck der Gesundheit und Beheizung erforderlichen Mindestluftwechsel bleiben unberührt.«*

Bei Ein- und Mehrfamilienhäusern ist ein Lüftungskonzept anzufertigen, wenn mehr als ein Drittel aller Fenster ausgetauscht werden. Da der Fensterbauer in der Regel nicht in der Lage ist, ein vollständiges Lüftungskonzept nach DIN 1946-6 auszuarbeiten, ist die Hilfestellung einer Fachkraft erforderlich, da dies sonst in die Verantwortung des Bauherrn fällt.

15 Tauwasser am neuen Fenster

Über die Tauwasserbildung an Bauteilen mit den physikalischen Zusammenhängen existieren bereits viele Veröffentlichungen, sodass hier nicht wiederholend darauf eingegangen wird. Zum Nachlesen seien beispielsweise [50], [51] und [62] empfohlen. An dieser Stelle soll die Betrachtung aus der praktischen Situation nach dem Einbau der neuen Fenster erfolgen. Oftmals stellt der Nutzer an der Verglasung des Fensters Tauwasser auf der Raumseite fest und beanstandet dies aus seiner Sicht als Mangel.

Erfahrungsgemäß ergibt sich in diesen Fällen eine Klärung der möglichen Ursachen aus der festgestellten örtlichen Situation.

Im Wohnbereich wird durch verschiedene Aktivitäten, wie Kochen, Wäsche waschen, Baden, Blumengießen, aber auch durch die Atemluft des Menschen, ständig Wasserdampf erzeugt. Der Wasseranteil der Luft kann über die Messung der Luftfeuchtigkeit ermittelt werden. Bei einer Vielzahl von Pflanzen im Wohnraum kann eine Luftfeuchtigkeit von über 60 % auftreten, wie Bild 123 aus einem

Bild 123: Dieser Wohnraum mit einer größeren Pflanzenwelt wies eine örtliche Luftfeuchtigkeit von >60 % auf.

Bild 124: Tauwasser am raumseitigen unteren Scheibenrand

Ortstermin zeigt. Bei theoretischen Betrachtungen geht man von Normwerten von 20 °C und 50 % Raumluftfeuchte aus.

Luftfeuchtigkeiten im Wohnraum von > 60 % können an wärmetechnischen Schwachpunkten am Fenster zu Tauwasserbildung führen, wenn die Oberflächentemperatur die Taupunkttemperatur unterschreitet. Bei der Verglasung bildet der Randverbund der Isolierglasscheibe mit einem bisher üblichen Aluminium-Abstandhalter eine konstruktive Wärmebrücke. Im unteren Bereich des Fensters kann im Übergang zur Verglasung die Oberflächentemperatur unter der Taupunkttemperatur liegen, womit bei hohen Luftfeuchtigkeiten im Raum Tauwasser an den Randzonen auftritt (Bild 124).

Neben den konstruktiven Merkmalen des Isolierglasrandverbundes ist auch der Wärmeübergang zu beachten. Bild 125 zeigt den typischen Zustand am eingebauten Fenster. In der typischen Einbaulage kommt der Warmluftstrom im unteren Bereich des Fensters nicht vollständig an. Es entsteht ein toter Winkel, in dem die sogenannte Warmluftkaskade nur bedingt entlangstreift. Hier liegt die Oberflächentemperatur bei kalter Außenwitterung unter der Taupunkttemperatur und es bildet sich Tauwasser auf der Verglasung.

Die Auswirkungen des Wärmeübergangs zeigen sich besonders intensiv bei zusätzlichen Abdeckungen der Verglasung, beispielhaft dargestellt in Bild 126. Die Tauwasserbildung ist hierbei verstärkt bei Fenstern mit zusätzlicher Scheibengardine zu beobachten, da hier der Wärmeübergang durch den Warmluftstrom erheblich behindert wird.

Tauwasser am Isolierglasrand kann durch den heute üblichen Randverbund der Dreifach-Isolierglasscheiben mit einer sogenannten Warmen Kante (warm edge) vermieden werden. Der aktuelle Isolierglasrand hat anstelle des zuvor üblichen Alu-Abstandhalters einen neuartigen Abstandhalter aus schlecht leitenden Materialien. Diese führen zu höheren Oberflächentemperaturen am raumseitigen

Bild 125: Die sogenannte Warmluftkaskade streift nur bedingt am unteren Bereich der Verglasung entlang, sodass an diesem Bereich Tauwasser auftritt [62].

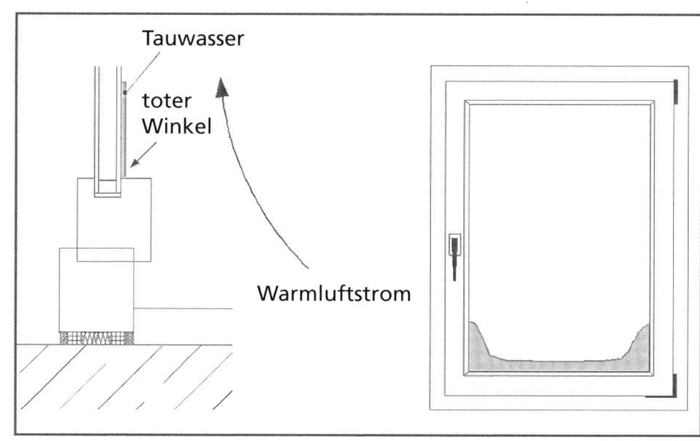

Bild 126: Hinter der Scheibengardine bildet sich verstärkt Tauwasser.

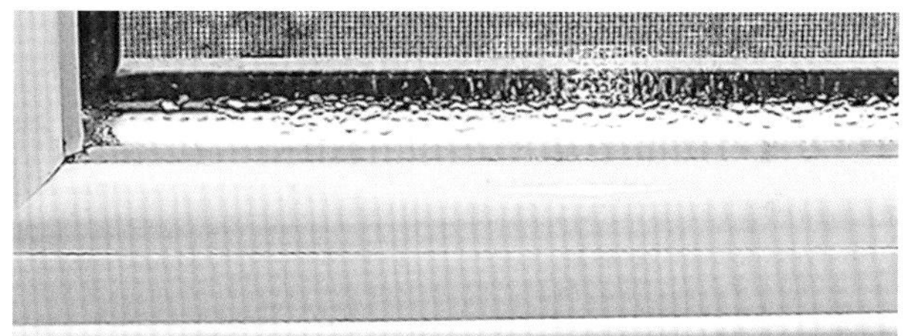

Verglasungsrand. Die Gefahr der Tauwasserbildung wird mit dieser konstruktiven Ausführung des Isolierglasrandes gemindert.

Liegt am Fenster ein zu beanstandender Tauwasserbelag vor, sind die Vorgaben der DIN 4108-2 [27] im Abschnitt 6.1 zu berücksichtigen.

» [...] Eine gleichmäßige Beheizung und ausreichende Belüftung der Räume sowie eine weitgehend ungehinderte Luftzirkulation an den Außenwandoberflächen werden vorausgesetzt. «

Die hier genannten »Außenwandoberflächen« können mit den Fensterflächen sinnbildlich erweitert werden.

Die folgende Angabe in Abschnitt 6.1 der DIN 4108-2 [27] ist für die Beurteilung wichtig:

» [...] Die Tauwasserbildung ist vorübergehend und in kleinen Mengen an Fenstern sowie Pfosten-Riegel-Konstruktionen zulässig, falls die Oberfläche die Feuchtigkeit nicht absorbiert und entsprechende Vorkehrungen zur Vermeidung eines Kontaktes mit angrenzenden empfindlichen Materialien getroffen werden.«

Diese Vorgabe ist für Holzfenster von Bedeutung. Bei Holzfenstern kann die Glashalteleiste bei Tauwasserbelag Feuchtigkeit absorbieren, was zu einer Feuchteaufnahme im Holz führt (Bild 127). Darum müssen Glashalteleisten einen feuchteabweisenden Oberflächenschutz haben, wie auch die anderen Profile am Holzfenster.

Bild 127: Tauwasser am Holzfenster im Verglasungsbereich kann zu Feuchteaufnahme der Holzteile führen.

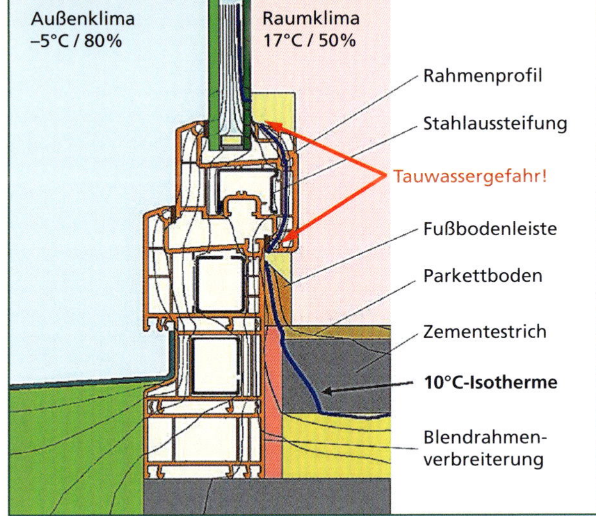

Bild 128: Isothermenberechnung [62]

Zur Überprüfung der Tauwassergefahr kann vor dem Einbau des Fensters eine Isothermenberechnung die Schwachpunkte am Fenster aufdecken [62]. Bild 128 zeigt eine klassische Kunststofffensterkonstruktion mit einem Zweifach-Isolierglas. Der Verlauf der 10°-Isotherme zeigt, wo eine Tauwassergefahr besteht. Aus dem Verlauf kann geschlossen werden, dass bei einem Dreifach-Isolierglas die Stellen mit Tauwassergefahr wesentlich verringert werden.

Zusammenfassend lässt sich sagen, dass Fenstersysteme mit Isolierglas hinsichtlich der Forderung an die Tauwasserfreiheit an ihre Leistungsgrenze stoßen. Die örtliche Einbausituation im Bestand kann bei der Fenstererneuerung ungünstige Einflüsse auf die Tauwasserbildung haben. Wichtig erscheint aber der Hinweis, dass auch das Nutzerverhalten und das Heizverhalten die Tauwasserbildung mit beeinflussen.

16 Erforderliche Schutzmaßnahmen während der Bauzeit

Unter Fenstererneuerung wird überwiegend der Fenstereinbau in bewohnten Wohnungen verstanden. Mit abgestimmter Terminvorgabe wird der Wohnungsinhaber in vorab geführten Gesprächen über die Maßnahmen in der Wohnung informiert. Die Mitwirkungspflicht des Wohnungsinhabers zum Anbringen von Schutzfolien an Möbeln, Inventar und Teppichen und das Freiräumen im Umfeld der Fenster verhindert späteren Ärger und mögliche Beschädigungen.

Der Fenstermontagetrupp führt vor Beginn der Ausbauarbeiten ebenfalls angemessene Schutzmaßnahmen im Bereich der Fenster aus. Dazu zählt auch das Freiräumen der Zutrittswege für das Vertragen der neuen Fenster zum Einbauort.

Wenn nach dem Einbau der Fenster noch weitere Gewerke, wie Putz- und Stuckarbeiten oder Malerarbeiten, ausgeführt werden, sind die Fenster während der bauablaufbedingten Arbeiten mit geeigneten Maßnahmen zu schützen. Der Schutz der Fenster liegt in der Verantwortung der jeweils am Baugeschehen tätigen Gewerke. Ebenso hat der Auftraggeber (Bauherr) diesbezüglich eine Mitwirkungspflicht.

Die Schutzmaßnahmen sind in der Regel nur kurzzeitig erforderlich, bis die Arbeiten rund um die Fenster durch andere Gewerke abgeschlossen sind. Abdeckfolien aus Kunststoff bieten bei fachgerechter Anwendung eine gute Schutzfunktion (Bild 129). Schutzfolien werden normalerweise mit Klebebändern befestigt. Die Klebebänder müssen einerseits fest auf dem Untergrund haften, andererseits gut wieder abgelöst werden können, ohne Schäden am Untergrund hervorzurufen.

Das Ankleben von Schutzfolien mit Klebebändern auf Anstrichuntergründen kann zu Ablösungen führen. Die Auswahl des Klebebandes mit der Klebeschicht muss der Anwendungssituation angepasst werden. Bei ungeeigneten Klebebändern kann beim Entfernen der Schutzfolien der Anstrichuntergrund partiell mit

Bild 129: Abdeckfolien bieten einen guten Schutz der Fenster.

Bild 130: Holzfenster mit Folie geschützt

Bild 131: Beim Entfernen der Folie werden Anstrichteile mit abgezogen.

abgezogen werden. Die Bilder 130 und 131 zeigen einen typischen Praxisfall, der zu erheblichen Ärger und umfangreichen Nacharbeiten führte.

Die PVC-Profile der Kunststofffenster haben auf den Sichtflächen eine Schutzfolie, die meistens mit Firmenlogo beschriftet sind. Die Folien dienen dem Schutz der Profile während der Herstellung der Fenster und anschließend beim Einbau der Fenster im Objekt. Nach dem Einbau der Fenster und unmittelbar vor der Abnahme sollten die Schutzfolien von den Profiloberflächen entfernt werden. Die Vorgabe der Systemgeber wird vielfach nicht ausgeführt, da das Abziehen der Folie oftmals dem Bauherrn oder Wohnungsinhaber überlassen wird.

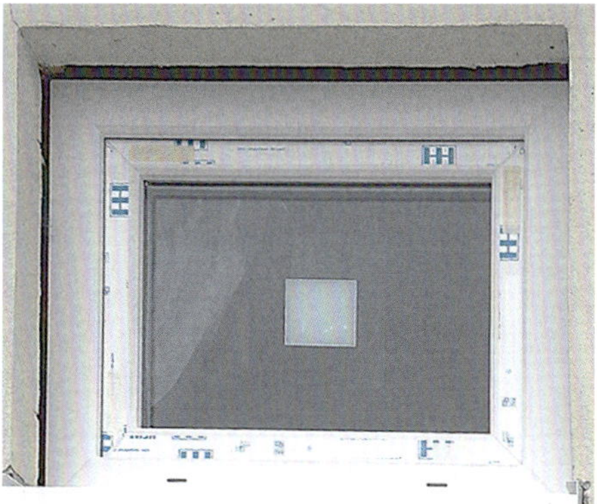

Bild 132: Schutzfolien auf Kunststofffenstern müssen nach dem Einbau zeitnah entfernt werden.

Bild 133: Der Folienschutz ist durch Alterung zersetzt.

Schutzfolien müssen spätestens ca. vier Wochen nach dem Einbau unbedingt abgezogen werden, andernfalls entstehen alterungsbedingte Zersetzungen in der Folie. Ein Abziehen der geschädigten Folie ist dann nur noch bedingt möglich. Bei dem Versuch, die gealterte Folie abzureißen, entstehen lediglich Bruchstücke und weitere Bemühungen zur Folienentfernung sind mit Oberflächenschädigungen der PVC-Fensterprofile verbunden.

Bild 132 zeigt einen solchen typischen Zustand der Schutzfolien an eingebauten Fenstern, die nicht entfernt wurden.

Wenn die Schutzfolie nicht zeitgerecht abgezogen wird, zersetzt sich die Folie, wie Bild 133 am Beispiel eines Rollladenendstücks zeigt. Eine Entfernung führt zu Oberflächenschädigungen.

Auch Aluminium-Fensterbänke für die Außenseite sind zum Schutz der Oberfläche werkseitig mit einer Schutzfolie beklebt. Damit kann während des Transports, der Lagerung und des Einbaus bei fachgerechtem Umgang ein Oberflächenschutz erreicht werden. Die auf der veredelten Oberfläche der Fensterbank aufgeklebte

Bild 134: Auch die Schutzfolien von Alu-Fensterbänken müssen zeitnah entfernt werden, andernfalls entstehen Oberflächenschäden.

Schutzfolie ist begrenzt uv-beständig: Sonneneinstrahlung schädigt die Struktur der Schutzfolie, indem sich Risse bilden (Bild 134). In diesem Zustand ist eine rückstandsfreie Entfernung der Schutzfolie nur mit hohem Aufwand möglich. Eine Entfernung kann hilfsweise durch Erwärmung mittels eines Föhns und durch vorsichtiges Abzupfen von Einzelstücken erfolgen. Dieser Zustand tritt ein, wenn die Folien nicht spätestens vier Wochen nach Montage entfernt werden.

17 Die Abnahme der Fenster – eine Frage nach der Mangelfreiheit

Nach der Fenstererneuerung steht mit der Beendigung der Arbeiten ein wichtiger Vorgang an, der für den Bauherrn (Auftraggeber) und für den Fensterhersteller (Auftragnehmer) mit wesentlichen Entscheidungen verbunden ist: die Abnahme der eingebauten Fenster, die für den Bauherrn wie auch für den Auftragnehmer von hoher Wichtigkeit ist. Mit der Reform des Werk- und Bauvertragsrechts ab dem 1.1.2018 [1] entstehen durch die Abnahme der Bauleistung vier wesentliche Rechtsfolgen:

Rechtsfolgen nach Abnahme

- Erst mit der Abnahme hat der Auftragnehmer Anspruch auf Werklohnzahlung.
- Mit der Abnahme fängt die Gewährleistungsfrist an.
- Der Auftragnehmer gibt mit der Abnahme die Gefahrentragung an den Bauherrn ab.
- Die Beweislast für Mängel wechselt vom Auftragnehmer zum Bauherrn.

Eine förmliche Abnahme hat stattzufinden, wenn eine Vertragspartei dies verlangt. Der Befund ist in einer gemeinsamen Handlung schriftlich niederzulegen. In der Niederschrift sind etwaige Vorbehalte wegen bekannter Mängel aufzunehmen. Vorbehalte wegen erkannter Mängel hat der Auftraggeber spätestens innerhalb von zwölf Werktagen nach Verlangen des Auftraggebers zur Abnahme geltend zu machen.

Bei einer fiktiven Abnahme nach § 640 Absatz 2 BGB [1] gilt die Fenstererneuerung als abgenommen, wenn die Abnahme nicht innerhalb dieser Frist unter Angabe von mindestens einem Mangel verweigert wurde. Wegen wesentlicher Mängel kann die Abnahme bis zur Beseitigung verweigert werden. Unwesentliche Mängel hingegen berechtigen nicht zur Abnahmeverweigerung.

Nach VOB/B [10] sollten vor Inbetriebnahme alle Fenster zusammen mit dem Auftraggeber nochmals auf etwaige Beschädigungen überprüft und ggfs. den Verursachern zugeordnet werden. Kommt es wegen kleinster Beschädigungen oder wegen erkennbarer Mängel nicht zur Einigung zwischen den Beteiligten, wird häufig der Sachverständige beauftragt, den Sachverhalt unter neutralen und objektiven Betrachtungen aufzunehmen und dabei zu klären, ob ein Mangel vorliegt. Da der Begriff Mangel nicht nur eine technische, sondern auch eine rechtliche Komponente beinhaltet, zu welcher der Sachverständige keine Stellungnahmen abgegeben kann und darf, kann er den Mangel nur aus technischer Sicht betrachten.

Aus den Erfahrungen des Autors als Sachverständiger werden nachfolgend typische Abweichungen gezeigt, die im Rahmen der Abnahme beanstandet wurden.

17.1 Keine Abnahme bei Bedienungsstörung?

Noch vor der Abnahme klemmt der Flügel beim Bedienen. Der Nutzer bemerkt und beanstandet diese Auffälligkeit schon nach dem Einbau der Fenster. Diese typischen Bedienungsstörungen zeigen sich am Bedienungsgriff, wenn dieser sich nicht mehr in die planmäßige Stellung bringen lässt (Bild 135) oder wenn die Fensterflügel beim Öffnen haken, weil Beschlagteile aneinander klemmen und reiben (Bild 136). Die störungsfreie Bedienung eines Fensters gehört zur Grundvoraussetzung. Ist diese nicht gegeben, ist eine Beanstandung berechtigt. Das Problem kann durch eine fachgerechte Beschlageinstellung behoben werden. Die einwandfreie Bedienung des Fensterflügels ist von der Einstellung des Fensterbeschlags abhängig. Moderne Fensterbeschläge haben dreidimensionale Einstellmöglichkeiten. Mit fachgerechter Beschlageinstellung werden Bedienungsstörungen behoben und das Fenster wieder in einen funktionsfähigen Sollzustand gebracht. Die Abnahme kann danach formal erfolgen.

Bild 135: Bediengriff blockiert beim Verriegeln.

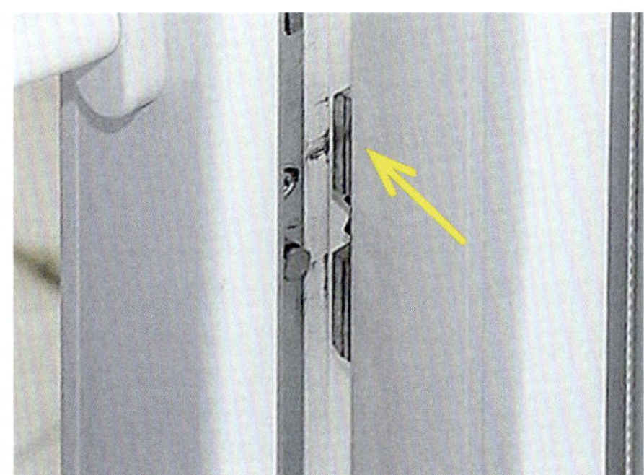

Bild 136: Abriebstellen an Schießteilen zeigen, dass der Beschlag zur Sicherstellung der Bedienung neu eingestellt werden muss.

17.2 Das Fenster mit seinen Aufklebern

Aufkleber sind meistens auf den Isolierglasscheiben angebracht (Bild 137) und beschreiben technische Fertigungs- und Produktdaten (Bild 138). Aufkleber dienen auch der Logistik zur Klärung der Einbaulage vor Ort. Bei der Abnahme können die Daten zur Überprüfung und zum Vergleich mit der Ausschreibung verwendet werden.

Die Produktaufkleber beinhalten alle wesentlichen technischen Daten der Isolierglasscheibe sowie die Kundeninformationen. Die Aufkleber (Etiketten) sollten spätestens vier Wochen nach dem Einbau entfernt werden. Mit dem Entfernen gehen die wichtigen Isolierglasdaten verloren, denn in die Rechnungen für die Fenster werden die umfangreichen Isolierglasdaten in der Regel nicht übernommen. Unter dem Gesichtspunkt der Nachhaltigkeit, insbesondere, wenn durch Glasbruch zu einem späteren Zeitpunkt eine Ersatzbeschaffung erforderlich wird, ist die Übertragung der Isolierglasdaten in einen Fenster-Produktpass sinnvoll.

Nach dem Entfernen der Aufkleber kann an den Stellen, an denen die Aufkleber befestigt waren, eine veränderte Benetzbarkeit gegenüber der umliegenden Glasoberfläche auftreten. Dieses Phänomen zeigt sich nur, wenn die Scheibe feucht ist, also auch beim Reinigen der Scheibe. Der gleiche Effekt der veränderten

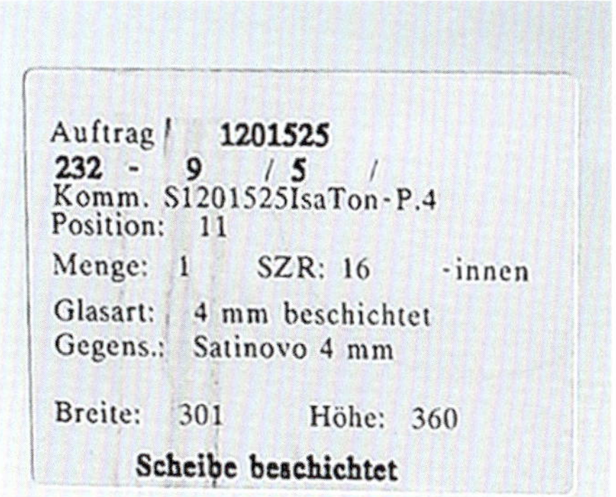

Bild 137: Aufkleber auf der Isolierglasscheibe sind zeitnah zu entfernen.

Bild 138: Beispiele von Aufklebern mit Produktdaten

Benetzbarkeit zeigt sich als kreisförmiger Abdruck auf der Glasoberfläche, wenn ein Saugheber angesetzt wurde. Die partiell veränderte Benetzbarkeit der Glasoberfläche ist eine glasspezifische Eigenschaft. Die beschriebenen Erscheinungen können daher nicht als Mangel beanstandet werden.

17.3 Keine Abnahme bei Glaskratzern

Eine im Rahmen der Abnahme oft vorkommende Beanstandung sind Kratzer auf der Glasoberfläche. Bei eingebauten Fenstern im Objekt ist die Ermittlung von Kratzern auf Glasoberflächen nur durch Sichtprüfung möglich. Es stehen dafür zwei typische Verfahren zur Verfügung:

Verfahren A) Entsprechend der vom Bundesinnungsverband des Glaserhandwerks und dem Bundesverband Fachglas e. V. herausgegebenen *Richtlinie zur Beurteilung der visuellen Qualität für Glas im Bauwesen* [37] kann die Hauptzone der Glasfläche hinsichtlich Kratzern an eingebauten Fensterelementen wie folgt untersucht werden: Bei der Prüfung ist die Durchsicht durch die Verglasung bei Betrachtung des Hintergrundes und nicht die Aufsicht maßgebend. Die Prüfung erfolgt aus einem Abstand von mindestens einem Meter von der Raumseite aus und unter einem Betrachtungswinkel, der der allgemein üblichen Raumnutzung entspricht. Die Betrachtung wird bei diffusem Tageslicht, ohne direktes Sonnenlicht oder künstliche Beleuchtung, durchgeführt. Die Beanstandungen dürfen nicht besonders markiert sein (Bild 139).

Die Bewertung erfolgt nach der Länge der Kratzer. Kratzer bis 15 mm gelten aus Sicht der Richtlinienverfasser als zumutbar.

Für den Endverbraucher ist dieses Kriterium nicht hilfreich, da er normalerweise eine ungehinderte Durchsicht und Aufsicht ohne Störungen erwartet. Diese übliche Nutzungsbedingung sieht die verbandserstellte Richtlinie nicht vor, weshalb sie nur bedingt anwendbar ist.

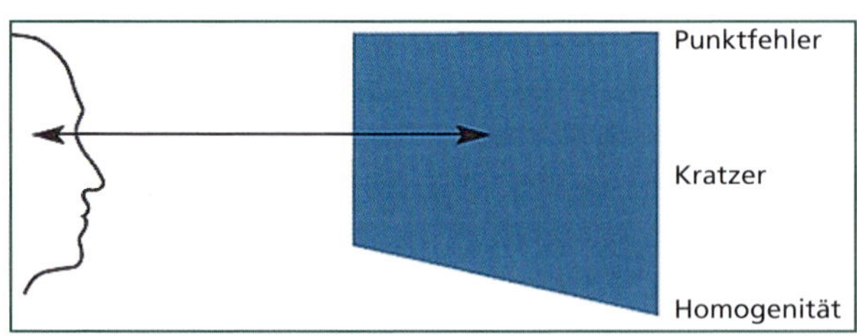

Bild 139: Prinzip der Sichtprüfung

Verfahren B) Bei diesem Verfahren beurteilt der Sachverständige die Glasoberfläche bei den zum Untersuchungszeitpunkt herrschenden Lichtverhältnissen aus verschiedenen Abständen und Betrachtungswinkeln. Unterschiedliche Sonneneinstrahlung und Schattenwirkungen gehen in die Untersuchung mit ein. Es werden alle sichtbaren Kratzer erfasst. Eine Unterscheidung in zumutbare und nicht zumutbare Kratzer erfolgt dabei nicht. Zur Dokumentation können die Kratzer mit kleinen farbigen Aufklebern zur Größen-Orientierung markiert werden (Bild 140).

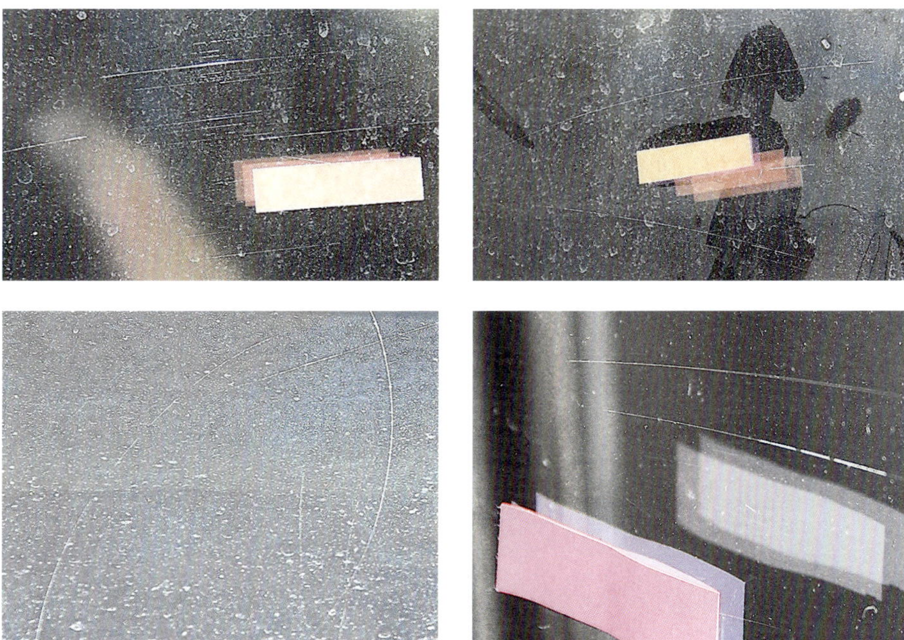

Bild 140: Beispiele von unterschiedlichen Kratzern auf der Glasoberfläche

Beanstandungen von Isolierglasscheiben mit Kratzern treten im Baubereich öfters auf und sind vielfach auch Gegenstand der gerichtlichen Auseinandersetzung. In einem gerichtlichen Urteil, das in der Branche umging und über das mehrfach berichtet wurde [49], heißt es:

»Der Sachverständige hat festgestellt, dass die aufgeführten Scheiben sichtbare Kratzer haben. Damit steht zur Überzeugung des Gerichts fest, dass die Scheiben beschädigt sind. Sichtbare Kratzer an den Fensterscheiben lassen sich nicht in austauschwürdige und nicht austauschwürdige Scheiben differenzieren. Wenn eine neue Scheibe mit einem sichtbaren Kratzer versehen wird, ist die Scheibe beschädigt und man kann nicht hinnehmbare und nichthinnehmbare Schäden

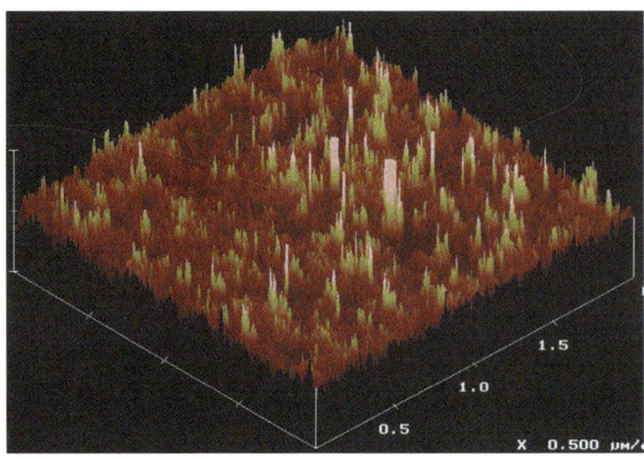

Bild 141: Ausschnitt einer topografischen Messung der Oberflächenrauhigkeit von Glas im Nanobereich [60]

unterscheiden. (...) Danach sind alle Positionen mit verkratzten Scheiben schadensersatzberechtigt (...)«

> Aus dem Gerichtsurteil lässt sich ableiten, dass Isolierglasscheiben mit Kratzern schadensersatzberechtigt sind. Wenn eine neue Isolierglasscheibe sichtbare Kratzer aufweist, ist sie beschädigt und damit für den Endkunden nicht hinnehmbar.

Vielfach wird angenommen, Kratzer könnten durch Polieren oder andere Verfahren zur Mangelbeseitigung entfernt und Isolierglasscheiben folglich einfach repariert bzw. saniert werden. Die Anwendung tragbarer Poliermaschinen zur Beseitigung von Oberflächenschäden führt jedoch zu einem nennenswerten Abtrag der Glasmasse. Optische Verzerrungen, die als »Linseneffekt« erkennbar sind, können hierdurch hervorgerufen werden. Ebenso entstehen Unterschiede in der Benetzung der Glasoberfläche. Bearbeitete Glasflächen im Kratzerbereich verändern durch die geringe Glasabtragung die ursprüngliche Glasmatrix. Auf der normalen Glasoberfläche sind auf der sogenannten Luftseite Oberflächenrauhigkeiten in einem Bereich von 4 bis 10 Nanometer zu erkennen (Bild 141). Durch den Oberflächenabtrag im Kratzerbereich entsteht eine Veränderung der Oberflächenrauhigkeiten. Dabei wird auch die sogenannte »permanente Wasserhaut« angegriffen, die die Basis für die Funktion der Sauerstoff-Wasserstoff-Bindungen (OH-Bindungen) und damit für das Haftverhalten von Dichtstoffen ist, zum Beispiel bei der Randabdichtung der Isolierglasscheibe.

Mit diesen beiden Merkmalen, Oberflächenrauhigkeit und permanente Wasserhaut, entstehen durch die Kratzerentfernung auf der Glasoberfläche Veränderungen gegenüber der unbehandelten Glasfläche. Diese Veränderungen sind deutlich sichtbar und führen im Extremfall zu Linseneffekten. Ebenso können auf der behandelten im Vergleich zur unbehandelten Glasfläche veränderte Benetzbarkeit bei Regenbelastung oder Schmutzablagerungen auftreten. Diese Effekte zeigen sich meistens erst nach einer entsprechenden Nutzungsdauer.

17.4 Keine Abnahme bei Oberflächenschädigungen auf Kunststoffprofilen

Die visuelle Untersuchung der Fenster und der Verglasung ist wesentlich für die Abnahme-Prozedur von Kunststofffenstern. Als Basis für die Beurteilung der Rahmenprofile ist eine Orientierung am Merkblatt *Visuelle Beurteilung von Oberflächen von Kunststofffenster- und -Türelementen* [47] möglich, das der Verband der Fenster- und Fassadenhersteller e. V. herausgegeben hat (VVF Merkblatt KU.01). Darin werden Mindestanforderungen verschiedener Merkmale, wie Kratzer, Farbabweichungen, Unebenheiten usw., festgelegt. Typische Kratzer (Bild 142) treten häufig auf und sind zu beanstanden. Eine Nacharbeit durch Polieren ist meistens nicht mehr anzuraten, da dabei sichtbare Farbabweichungen und Oberflächenveränderungen entstehen.

Bild 142: PVC-Fensterprofil mit Oberflächenschäden

17.5 Keine Abnahme bei Oberflächenschäden am Holzfenster

Bei der Abnahme von Holzfenstern wird der Zustand der Holzoberflächen und der Glashalteleiste kritisch geprüft, mittels der visuellen Draufsicht auf die Sichtflächen. Als mögliche Basis für die Bewertung kann die *Richtlinie zur visuellen Beurteilung einer fertigbehandelten Oberfläche bei Holzfenstern und -Außentüren* [46] des Verbands der Fenster- und Fassadenhersteller herangezogen werden. Ein holztypischer Querriss mit Holzaussplitterung bei einem Istzustand, wie ihn Bild 143 zeigt, ist trotz Abdeckung mit der Beschichtung unzulässig und wird beanstandet.

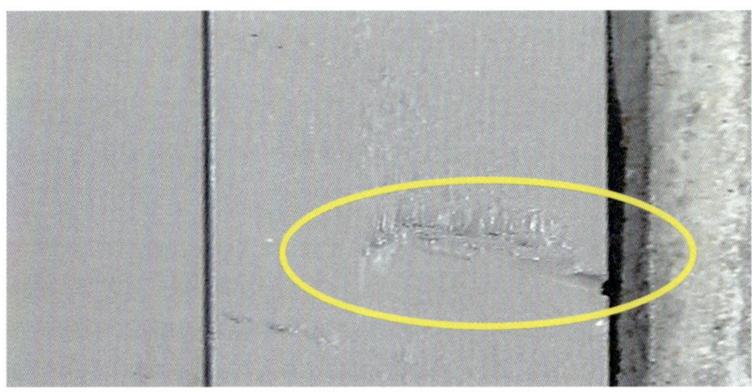

Bild 143: Holztypischer Querriss mit Oberflächen-Unebenheiten führt zu Beanstandung.

Beim Öffnen des Fensterflügels kann ein partieller Abriss der Oberflächenbeschichtung entstehen, Bild 144 zeigt diesbezüglich ein lasurbehandeltes Holzfenster. Diese Erscheinung wird als Verblockung bezeichnet. Der Zustand ist auf einen direkten Kontakt zweier oberflächenbehandelter Holzteile zurückzuführen, der zwischen Flügel und Blendrahmen beim geschlossenen Fenster entsteht.

Bei Fenstern mit partieller Verblockung kann keine Abnahme erfolgen, da hier eine Fehlerhaftigkeit vorliegt.

Die maßgebende Ursache der Verblockung bei dem in Bild 144 gezeigten Beispiel ist eine Abweichung von der Vorgabe der DIN 68121 [28], derzufolge eine Spaltöffnung am außenseitigen Falzanschlag zwischen Flügel und Blendrahmen für den Druckausgleich vorgesehen ist. Ohne diesen Druckausgleich kann die Entwässerung aus der Wetterschutzschiene nicht planmäßig funktionieren [55], wie aus den Grundsatzuntersuchungen zur Falzausbildung hervorgeht. Aufgrund des fehlenden Spalts (Bild 145) entsteht ein direkter Kontakt zweier oberflächenbehandelter Holzflächen, sodass eine Migration der Schichten (Beschichtung bzw. Lasurschicht) entsteht, die zur Verblockung führt. Zur Fehlervermeidung ist ein

Bild 144: Typische Verblockung beim Holzfenster mit Lasur-Oberfläche

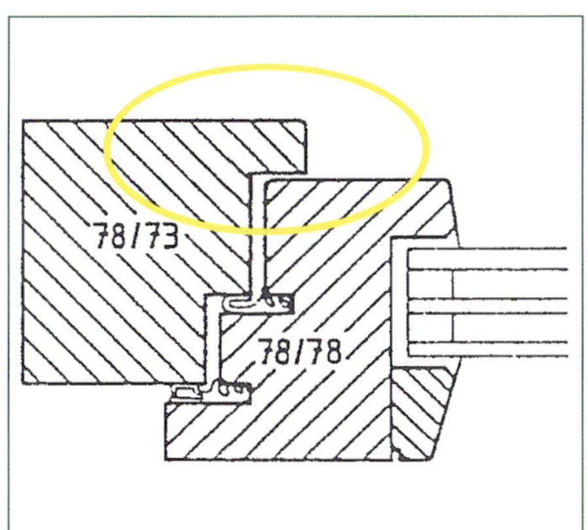

Bild 145: Der zum Druckausgleich erforderliche Spalt von ca. 1 mm nach [28] fehlt an dem eingebauten Fenster.

planmäßiger Spalt von ca. 1 mm zum Druckausgleich und zur Vermeidung der Verblockung sicherzustellen.

Bei der Abnahme von Holzfenstern wird der sichtbare Zustand der Befestigung beanstandet. Bei geschraubten Glashalteleisten entstehen bei nicht vorgebohrten Schraubenlöchern Zerquetschungen der umgebenden Holzstruktur oder es bilden

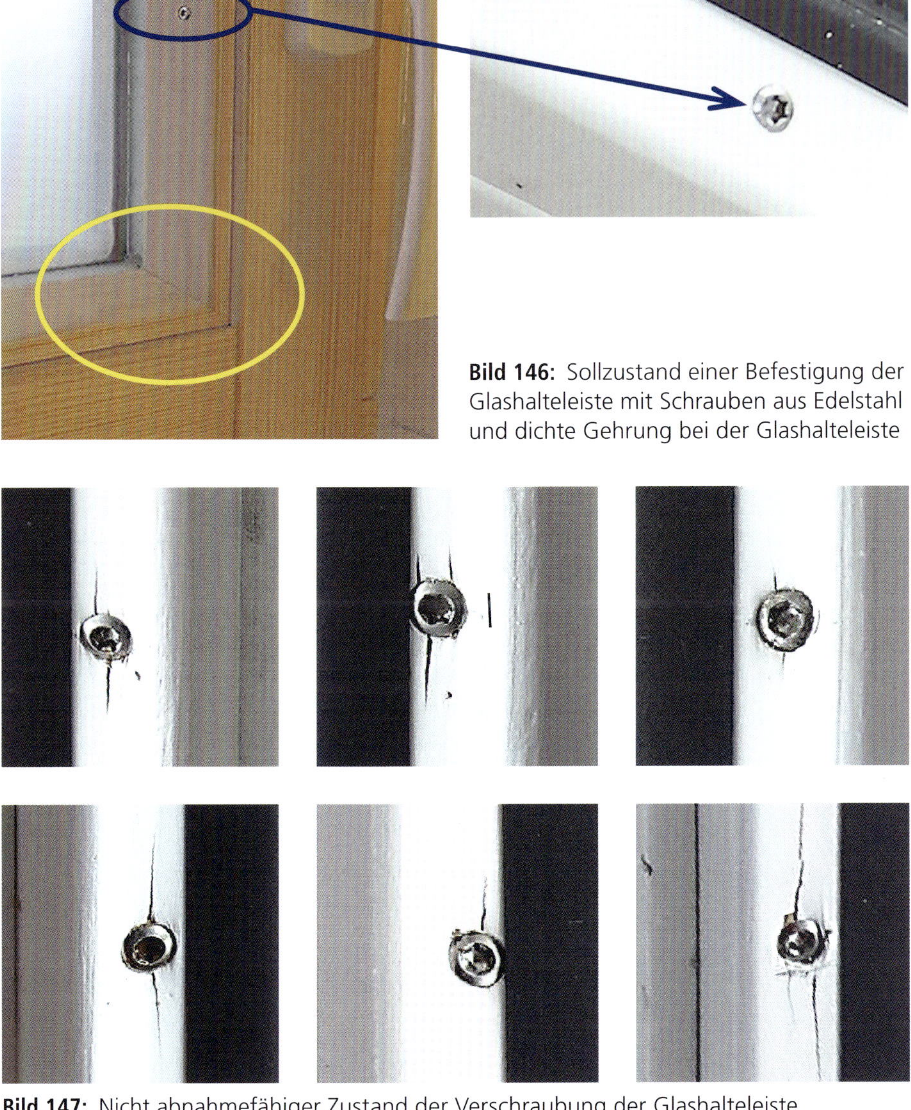

Bild 146: Sollzustand einer Befestigung der Glashalteleiste mit Schrauben aus Edelstahl und dichte Gehrung bei der Glashalteleiste

Bild 147: Nicht abnahmefähiger Zustand der Verschraubung der Glashalteleiste

sich Holzrisse. Den Sollzustand für eine perfekt angeschraubte Glashalteleiste zeigt Bild 146. Typische Negativ-Beispiele von geschraubten Glashalteleisten, die bei der Abnahme der Fenster keine Zustimmung finden, sind in Bild 147 zu sehen. Hier sind die Glashalteleisten vollständig auszutauschen.

17.6 Der Abstandhalter im Soll-Ist-Vergleich

Bei der Fenstererneuerung gehört heute Dreifach-Isolierglas zum Standard. Bei der Abnahme der eingebauten Fenster begutachtet der Endkunde u. a. auch den sichtbaren Teil des Abstandhalters kritisch. Ein wärmetechnisch verbesserter Abstandhalter (Warme-Kante-System oder Warm-Edge-System) auf Kunststoffbasis hat geringe Formstabilität, die bei der Herstellung der Isolierglasscheibe zu beachten ist. Jedoch treten hierbei manchmal Fehler auf, die sich auf der Raumseite bei genauer Betrachtung als Verwerfungen des Abstandhalters, Butylaustritte in den Scheibenzwischenraum oder als verformte Eckausbildungen zeigen. Solche Merkmale weichen von der visuellen Richtlinie [37] ab und sind nicht abnahmefähig.

Bei dem direkten Vergleich des Istzustandes (Bild 148) mit dem Sollzustand (Bild 149) lässt sich die Ausbildung der Ecke des Abstandhalters gut feststellen. Ein sichtbarer Butylaustritt in den Scheibenzwischenraum oder Verwerfungen des Abstandhalters, wie die Bilder 150 und 151 zeigen, können bei der Abnahme nicht akzeptiert werden.

Die Randabdichtung einer Isolierglasscheibe besteht aus einer Sekundärdichtung aus Polyisobutylen PIB und einer Primärdichtung aus Polysulfid oder Polyurethan. Gelangt PIB in den Scheibenzwischenraum am Abstandhalter, wird die Sekundärdichtung in den funktionserforderlichen Auflagendicken erheblich gemindert. In der Folge geht die Dichtwirkung gegen austretendes Argon verloren und die

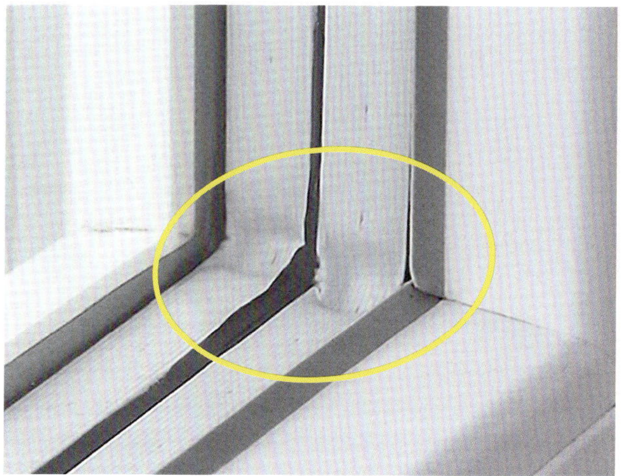

Bild 148: Schadhafter Istzustand des Abstandhalters bei Dreifach-Isolierglas

Bild 149: Sollzustand der Eckausbildung bei Warm-Edge-Abstandhalter

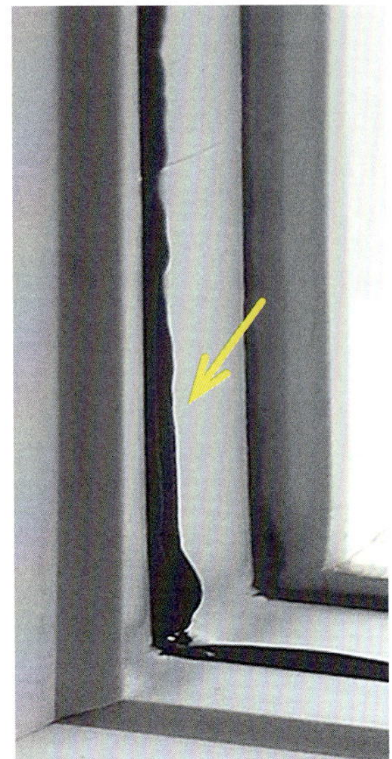
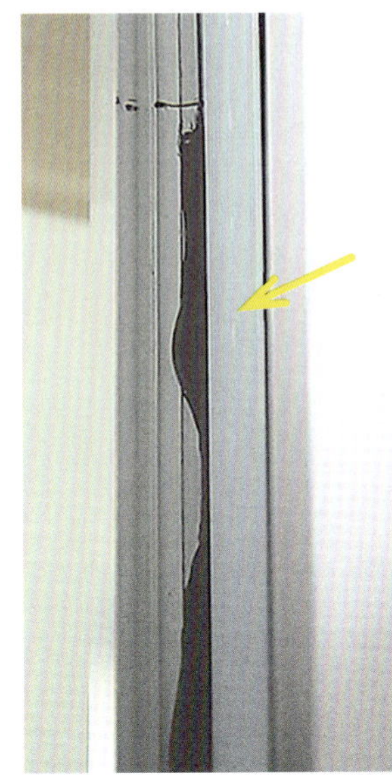

Bild 150: Übermäßiger Butylaustritt in den Scheibenzwischenraum

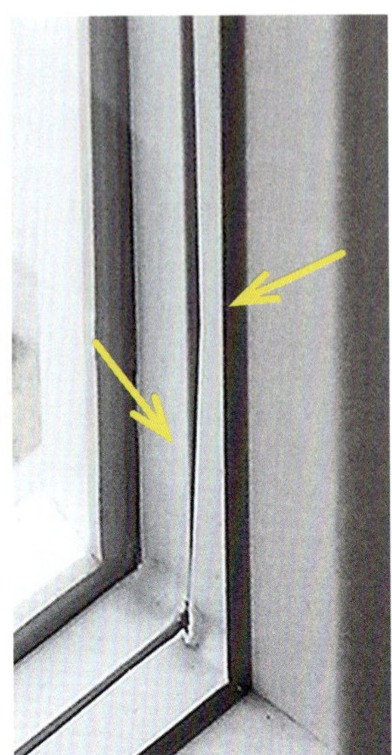

Bild 151: Verwerfungen des Abstandhalters

Argongasfüllung entweicht langsam aus dem Scheibenzwischenraum, weswegen sich die Wärmedämmung der Isolierglasscheibe verschlechtert.

Der extreme PIB-Verlauf in den Scheibenzwischenraum ist als technischer Mangel zu betrachten, da die Isolierglasscheibe mit diesem fehlerhaften Zustand in der Nutzungserwartung erheblich gemindert wird und eine Verschlechterung der Wärmedämmung entsteht. Außerdem sind die PIB-Erscheinungen nach der *Richtlinie zur Beurteilung der visuellen Qualität von Glas für das Bauwesen* [37] außerhalb der festgelegten Zulässigkeit und somit zusätzlich als visueller Mangel zu bewerten.

Eine Mangelbeseitigung ist nur durch Austausch der beanstandeten Isolierglasscheiben möglich und führt zum Aufschub der Abnahme.

Dreifach-Isolierglas mit verbessertem thermischen Randverbund wird durch den Edelstahl-Abstandhalter erreicht. Einen typischen Sollzustand zeigt Bild 152.

Dreifach-Isolierglas wird auf dem Markt auch mit dem traditionellen Aluminium-Abstandhalter angeboten (Bild 153). Wegen der hohen Wärmeleitfähigkeit von Aluminium wird der psi-Wert vom Isolierglasrand ungünstig beeinflusst. Es kann nicht ausgeschlossen werden, dass beim eingebauten Fenster raumseitig an der Verglasung je nach Raumklimaverhältnissen Tauwasser auftritt.

Bild 152: Dreifach-Isolierglas mit Edelstahl-Abstandhalter

Bild 153: Dreifach-Isolierglas mit Aluminium-Abstandhalter

17.7 Beanstandungen an der Versiegelung bei aufgesetzten Sprossen

Holzfenster mit aufgesetzten Sprossen ergeben bei der Fenstererneuerung ein neues architektonisches Erscheinungsbild des Bestandsbaus (Bild 154).

Auch technisch gibt es bei aufgeklebten Sprossen Besonderheiten zu beachten. Insbesondere muss die Versiegelung genau appliziert werden. Mit gezielter Betrachtung der Versiegelung von der Raumseite oder von der Außenseite ist der Zustand der Dichtstoffschicht zu erkennen. Im Beispiel in Bild 155 zeigt die Ver-

Bild 154: Holzfenster mit aufgesetzten Sprossen

Bild 155: Zustand der Sprossenversiegelung

Bild 156: Verbesserter Zustand der Sprossenversiegelung

siegelung unterschiedliche Dichtstoffbreiten und endet nicht auf den Glasfalz der Sprosse. Dieser Zustand wird häufig beanstandet und kann zum Problem bei der Abnahme führen.

Die Sprossenversiegelung bedarf einer handwerklich sehr versierten Dichtstoffverarbeitung. Eine verbesserte Ausführung der Versiegelung, die hinsichtlich der Ausführungsqualität noch als hinnehmbar bewertet werden kann, ist in Bild 156 zu sehen.

17.8 Planungsdefizit in den Fensterabmessungen

Im Rahmen der Modernisierung von Gebäuden kann von der alten, vorhandenen Fensteraufteilung abgewichen werden. Aus architektonischen Gründen werden häufig großflächige Fenstergrößen gewählt (Bild 157). Hierbei werden oftmals die Grenzen der Machbarkeit überschritten, sodass schon bei der Abnahme Störun-

Bild 157: Bei übergroßen Fensterelementen besteht die Gefahr der Gebrauchsunfähigkeit.

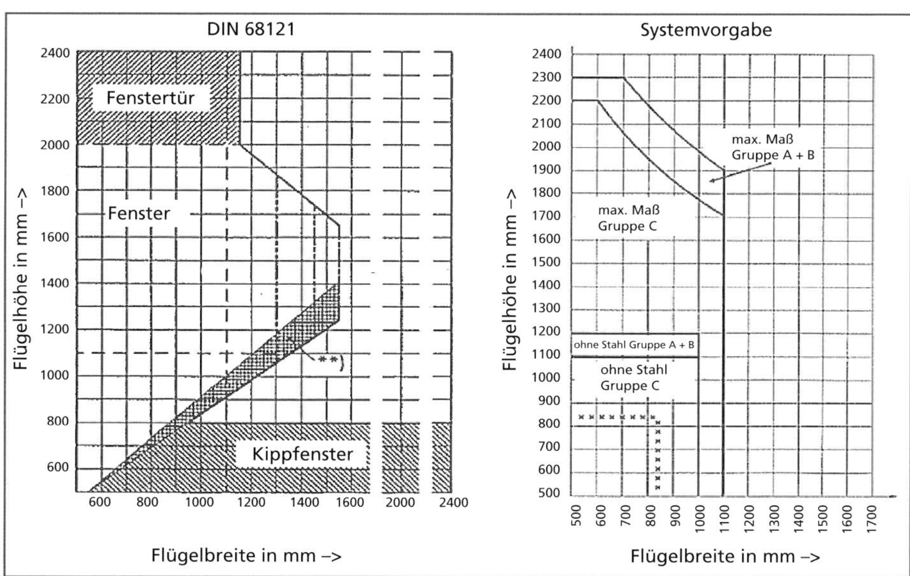

Bild 158: Planvorgaben für die Fenstergrößen

gen und Dichtheitsprobleme festzustellen sind. Hinzu kommt oft eine unzureichende Gebrauchstauglichkeit, weil die Bedienbarkeit der übergroßen neuen Fenster gestört ist. Die Planung hat hier Grenzen überschritten, die durch Systemvorgaben oder Normvorgaben nicht abgedeckt sind (Bild 158).

Bei der Abnahme werden die Vorgaben aus den Planunterlagen, der Auftragsbestätigung und sonstigen schriftlichen Vereinbarungen als Sollvorgaben mit dem Istzustand der eingebauten Fenster verglichen. Die technischen Merkmale, wie die Abmessungen, die wärmetechnischen Werte usw., werden überprüft. Ergänzend dazu wird die qualitative Ausführung beurteilt. Dabei werden die visuellen Merkmale kritisch beurteilt, da sie in vielen Fällen beanstandet werden. Diese Beanstandungen zu vermeiden, muss ein Hauptziel der Ausführung sein, damit die Abnahme zufriedenstellend erfolgen kann.

18 Nicht erkennbare Fehler, die erst später im Gebrauch zu Mängel führen

Wenn die Fenster nach der Abnahme beanstandungsfrei waren, können im Laufe der Nutzung der Bauteile unterschiedliche Mängel auftreten und reklamiert werden. Diese Mängel sind meistens auf nicht erkennbare Fehler bei der Herstellung oder bei der Montage der Bauteile zurückzuführen. Die späteren Auswirkungen dieser nichterkannten Fehler schränken die Gebrauchstauglichkeit teilweise erheblich ein. Die Ursachen werden meistens erst bei Vorlage des Mangels im Nachhinein untersucht. Die nachfolgend beschriebenen Fälle zeigen die Vielzahl solcher Beispiele, bei denen zumeist der Sachverständige den Sachverhalt klären muss.

18.1 Die Wartungsnotwendigkeit

Wartung ist gleichbedeutend mit Instandhaltung nach DIN 31051 [25] und dient zur Erhaltung eines funktionsfähigen Sollzustandes des Fensters. Unter ordnungsgemäßer Instandhaltung sind diejenigen Maßnahmen zu verstehen, die notwendig sind, um den Sollzustand einer baulichen Anlage kontinuierlich zu erhalten. Diese Vorgabe ist Bestandteil der Musterbaubauordnung. Dort heißt es: »*Bauprodukte dürfen nur verwendet werden, wenn bei ihrer Verwendung die baulichen Anlagen bei ordnungsgemäßer Instandhaltung während einer dem Zweck entsprechenden angemessenen Zeitdauer gebrauchstauglich sind.*« [5]

Vielfach wird der Endkunde über die Wartungsnotwendigkeit nach dem Einbau der Fenster im Bestandsbau nicht ausreichend informiert. Manchmal erfolgt dies nur mündlich oder mit Übergabe eines Merkblattes und gerät deswegen schnell in Vergessenheit.

Der Beschlaghersteller verweist in den Gebrauchshinweisen auf die Notwendigkeit einer regelmäßigen Wartung bzw. Instandhaltung. Dieser Hinweis ist bei einigen Herstellern symbolisch auch auf dem Kantenriegel des Beschlages eingestanzt

(Bild 159). Das Symbol soll nicht nur auf das Fetten oder Ölen der reibenden Metallteile des Beschlages hinweisen, sondern ist indirekt als Hinweis auf eine fachgerechte Beschlageinstellung zu verstehen.

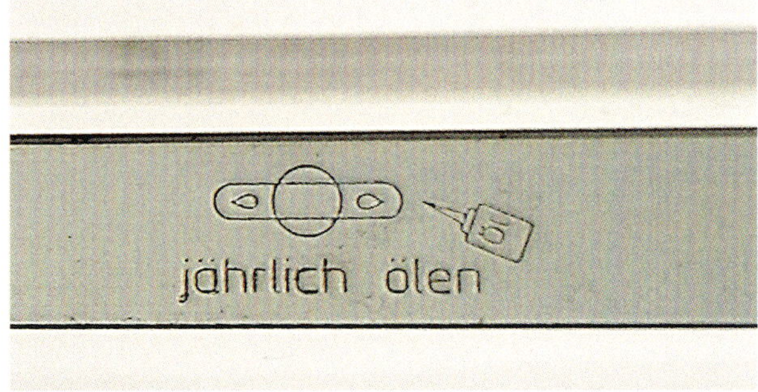

Bild 159: Auf dem Kantenriegel verschiedener Beschlagtypen befindet sich die Einstanzung »jährlich ölen« als symbolischer Hinweis auf die Notwendigkeit einer regelmäßigen Beschlagwartung.

Typische Beanstandungen sind gebrauchsbeeinflussende Störungen der Bedienbarkeit des Fensterflügels, insbesondere bei Fenstertüren (Balkontüren). Wenn es hakt und klemmt, reiben Beschlagteile aufeinander, da sich im Laufe der Nutzung Veränderungen in der Lage des Flügels ergeben haben. In Bild 160 sind erkennbare Abriebstellen an Verriegelungsteilen und in Bild 161 die Veränderung der

Bild 160: Sichtbare Abriebstellen an der Verriegelung zeigen, dass der Beschlag neu eingestellt werden muss.

Bild 161: Versatz der Stulpflügel-Fenstertüren führt zum Klemmen beim Öffnen des Flügels. Hier ist eine Beschlageinstellung erforderlich.

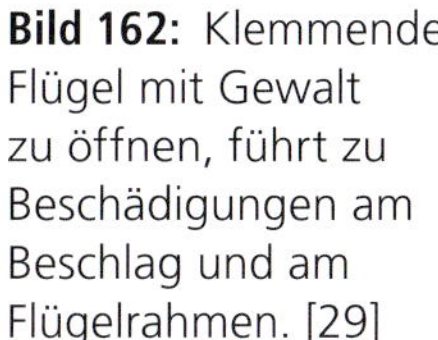
Bild 162: Klemmende Flügel mit Gewalt zu öffnen, führt zu Beschädigungen am Beschlag und am Flügelrahmen. [29]

Flügellage zu sehen. In solchen Fällen ist eine vollständige Neueinstellung der Beschläge erforderlich.

Treten im Laufe der Nutzung Bedienungsstörungen auf, sollte frühzeitig eine Instandhaltung vorgenommen werden. Der Versuch, den klemmenden Flügel mit Gewalt zu öffnen, führt zu einem erheblichen Schaden am Beschlag und am Flügelrahmen, wie Bild 162 symbolisch zeigt.

18.2 Tauwasser führt zu Schimmel und zu Spaltöffnungen

Nach der Fenstererneuerung mit Holzfenster kann durch unbedachtes Nutzerverhalten ein Raumklima mit wiederkehrend und langanhaltend hohen Luftfeuchtigkeiten auftreten. In der Folge tritt Tauwasser auf den Rahmenteilen und im unteren Verglasungsbereich aus (Bild 163). Wenn dieser Tauwasserbelag nicht ständig abgewaschen wird, treten Schäden an der Verglasung auf.

Bild 163: Tauwasser am Rand der Verglasung beim Holzfenster

Bild 164: Partielle Schimmelbildung auf der transparenten Silikonfuge der Glasabdichtung

Bild 165: Spaltöffnungen in der Gehrungsfuge der Glashalteleiste müssen geschlossen werden.

Die Glasabdichtung am Holzfenster ist in der Regel mit einer Versiegelung auf Silikonbasis ausgeführt. Bei mehrfachem und langanhaltendem Tauwasserbelag im unteren Bereich der Verglasung bildet sich im Laufe der Nutzung Schimmel auf der raumseitigen Silikonabdichtung. Der Schimmelanteil, wie in Bild 164 zu erkennen ist, kann sich bei wiederkehrender Tauwasserbildung zu einer vergrößerten Schimmelfläche vermehren. Die meistens schwarzen Schimmelstellen lassen sich durch Abwaschen nicht mehr entfernen. Stattdessen sind ein Herausschneiden der Dichtstofffuge und eine Erneuerung der Versiegelung erforderlich. Diese Maßnahme kann nur eine Fachkraft ausführen. Sie ist als Instandsetzung einzustufen.

Holz hat die materialtypische Eigenschaft, bei Feuchteaufnahme zu quellen und bei Feuchteabgabe zu schwinden. Beim Holzfenster können durch Schwindeinwirkungen Spaltöffnungen entstehen. Besonders die Gehrungsfuge der Glashalteleiste ist häufig davon betroffen (Bild 165). Die Fugen der Glashalteleisten müssen aber raumseitig weitgehend luftdicht sein, um Tauwasserbildung im Glasfalz und somit Schäden an der Konstruktion und der Verglasung zu vermeiden. Hier ist eine Instandsetzung erforderlich, um die Spaltöffnung zu schließen und die Luftdichtheitsschicht wiederherzustellen [62].

Beim Holzfenster können hohe raumseitige Luftfeuchtigkeiten, die ständig und langanhaltend über die Nutzungszeit auftreten, zu holztypischen Schwind- und Quellerscheinungen in den Stoßfugen und zu Spaltöffnungen führen. Mit dieser raumseitigen Klimabelastung sind Schimmelbildungen an den tauwasserbelegten Glasabdichtungen nicht auszuschließen. Hieraus folgt, dass der Nutzer auch für ein gemäßigtes Raumklima sorgen muss, durch ein kontrolliertes Lüften der Räume.

18.3 Haftverlust bei Dichtstofffugen

Im Baubereich unterliegen Dichtstofffugen mit elastischen Dichtstoffen auf Silikonbasis oder plastoelastischen Dichtstoffen auf Acrylbasis einem Alterungs- und Zeitstandverhalten. Die Überprüfung der außenseitigen und raumseitigen Dichtstofffugen auf sichtbare Ablösungen ist im Laufe der Nutzung erforderlich, um Schäden zu vermeiden. Dichtstofffugen, die erkennbare Ablösungen von der Haftfläche aufweisen (Bild 166), lassen sich durch Freischneiden und Nachversiegeln wieder in einen funktionsfähigen Zustand versetzen.

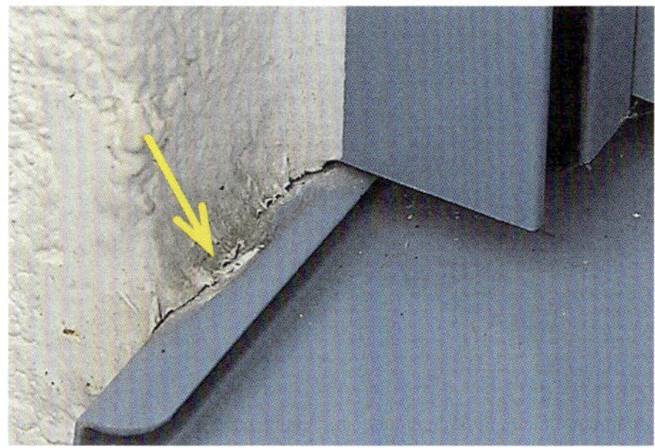

Bild 166: Die abgelöste Dichtstofffuge kann mit der Instandsetzung durch Nachversiegeln wieder in einen Sollzustand gebracht werden.

18.4 Auswirkung von Kantenbeschädigungen

Große Festverglasungen stellen eine besondere Herausforderung für die Monteure dar, zum Beispiel im oberen Balkonbereich eines Wohngebäudes (Bild 167). Nur mit Kranhilfe und vorsichtigem Hantieren ist der Transport der Isolierglasscheibe für den Einbau in den Fensterrahmen möglich.

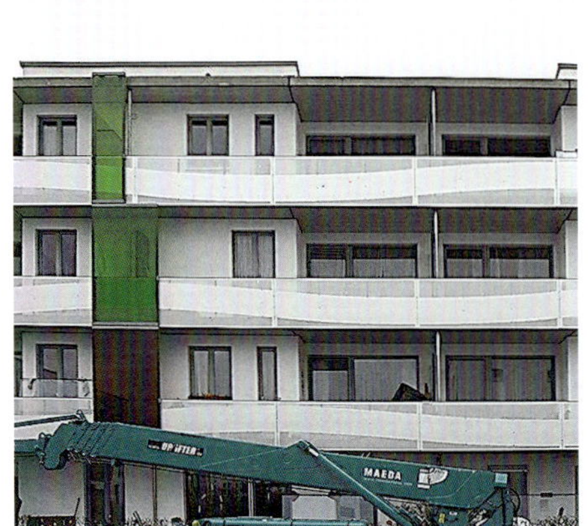

Bild 167: Verglasung im 4. OG mit Kranhilfe

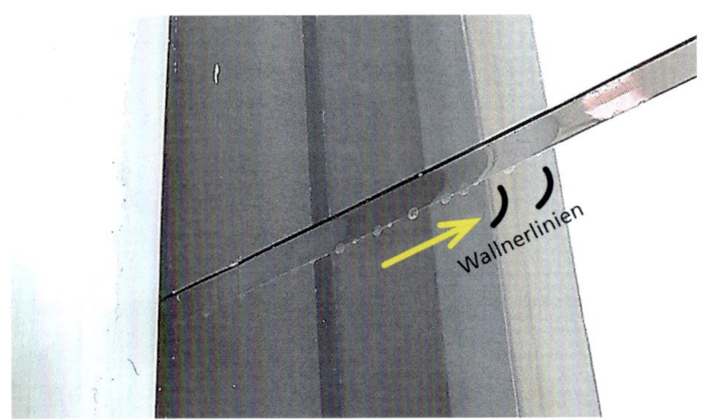

Bild 168: Der Glasbruch verläuft aus dem Glasfalz heraus, mit sichtbarem, blankem Glasspiegel und Bildung von Wallnerlinien in 10 cm Abstand vom Glasrand.

Es kann dabei nicht ausgeschlossen werden, dass trotz sorgfältigster Handhabung eine Kantenbeschädigung entsteht, die beim Einbau nicht erkennbar ist, die aber nach längerer Nutzungsdauer einen Bruch der Scheibe bewirkt. Bild 168 zeigt ein solches Beispiel. Der Glasbruch verläuft aus der Glasabdichtung heraus undefiniert ins Scheibenzentrum.

Erst mit dem Ausglasen der Isolierglasscheibe wird der Zustand der Glaskante sichtbar. Im Kantenbereich sind zum Bruchverlauf folgende Merkmale zu erkennen: Der Glasbruch läuft, senkrecht von der Kante ausgehend, in die Glasfläche ein und verläuft an der Glaskante rechtwinklig durch die Scheibendicke. An der Glaskante befindet sich am Glasbruchausgang eine kleine Absplitterung (Bild 170).

Die erkennbaren Merkmale entsprechen einem typischen thermischen Glasbruch, wie er in [66] beschrieben ist (Bild 169).

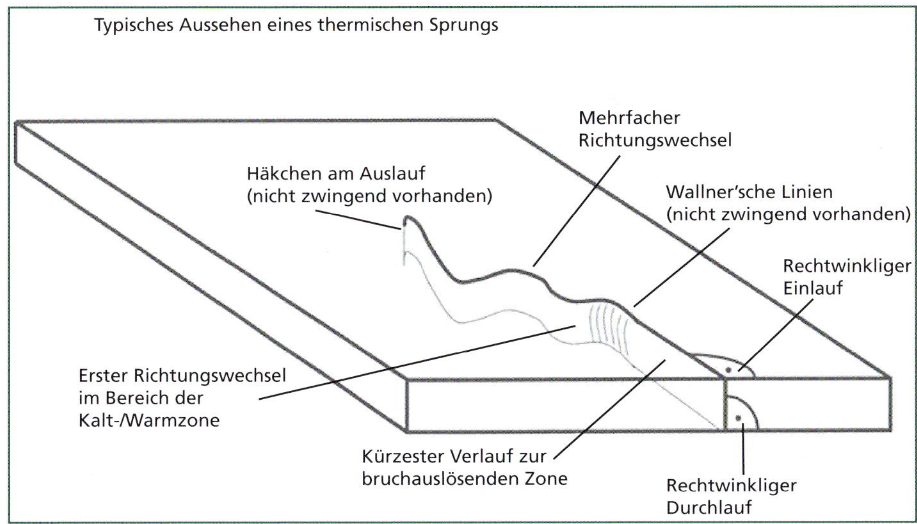

Bild 169: Thermischer Glasbruch [66]

Die Glasbruchursache lässt sich aus den vorliegenden Merkmalen zum Bruchverlauf eindeutig klären. Die beiden Bruchmerkmale *senkrechter Einlauf in die Scheibe* und *rechtwinkliger Verlauf durch die Scheibendicke* sind die entscheidenden Merkmale für einen thermisch induzierten Glasbruch. Der thermisch induzierte Glasbruch an der raumseitigen Glasscheibe entsteht durch Temperaturunterschiede zwischen Glasfläche und Glasrand, bei denen die Temperaturwechselbeständigkeit des Floatglases überschritten wird.

Ein solcher Glasbruch liegt vor, wenn die Mitte der Glasscheibe durch solare Einstrahlung stark erwärmt wird, während der Glasrand noch kühl ist. Durch die thermische Ausdehnung der Glassubstanz in der Scheibenmitte kommt es

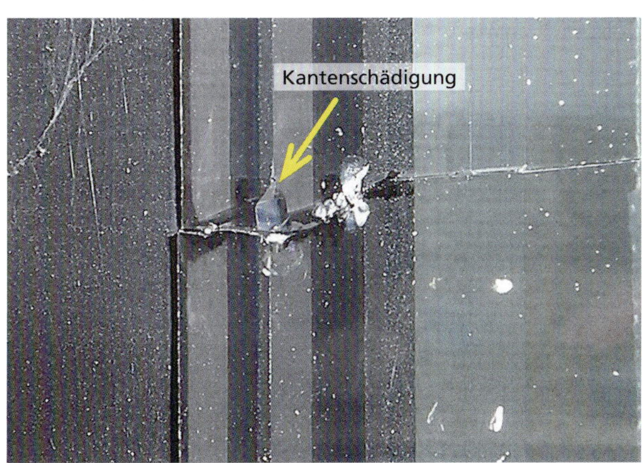

Bild 170: Die Glaskantenbeschädigung ist Mitauslöser des Glasbruchs.

zu Zugspannungen am Glasrand. Wenn die Zugspannungen größer werden als die Festigkeit im Glaskantenbereich, entsteht der Glasbruch. In Bild 170 ist an der bruchauslösenden Stelle eine kleine Kantenbeschädigung zu erkennen, womit zusätzlich zum thermisch induzierten Glasbruch ein signifikantes glasbruchverursachendes Störfeld entsteht.

In DIN EN 572-1 *Glas im Bauwesen – Basiserzeugnisse aus Kalk-Natronsilicatglas – Teil 1: Definitionen und allgemeine physikalische und mechanische Eigenschaften* wird die Beständigkeit gegen Temperaturunterschiede und plötzliche Temperaturwechsel mit 40 K angegeben. Die Angabe in der Norm ist ein charakteristischer Wert, der als Temperaturwechselbeständigkeit bezeichnet wird. Ein Glasbruch kann auch bei Temperaturunterschieden von weniger als 40 K entstehen, wenn die vorhandene Bruchfestigkeit σ_{Br} überschritten wird.

Die Bruchfestigkeit σ_{Br} berechnet sich nach der Formel

$$\sigma_{BR} = \frac{\alpha \cdot E}{1 - \nu} \cdot \Delta T$$

mit

α Ausdehnungskoeffizient Floatglas, $\alpha = 90 \cdot 10^{-7}$/K

E Elastizitätmodul von Floatglas, $E = 70000$ N/mm²

ν Querdehnzahl von Glas $\nu = 0{,}23$

$\frac{\alpha \cdot E}{1 - \nu}$ Thermospannungskoeffizient = 0,82 N/(mm²·K)

Die Bruchfestigkeit σ_{Br} (Kantenfestigkeit) wird vom Zustand der Glaskante bestimmt und reduziert sich durch eine schlechte Schnittkante oder partielle Ausmuschelungen. Im vorliegenden Fall (Bild 170) ist an der Kante eine kleine Kantenbeschädigung zu erkennen. Die Bruchfestigkeit ist infolgedessen vermindert und damit reduziert sich die Temperaturwechselbeständigkeit entsprechend der oben angegebenen Gleichung. Es ergibt sich somit eine Überlagerung eines temperaturinduzierten Glasbruchs, der durch reduzierte Kantenfestigkeit mitverantwortlich entstanden ist.

Die Kantenbeschädigung ist einem Transportfehler oder einem Einbaufehler zuzuordnen und hat den temperaturinduzierten Glasbruch mit ausgelöst. Es handelt sich dementsprechend um einen typischen Glasbruch, der erst nach langer Nutzungszeit plötzlich entstanden ist und für den Nutzer zunächst unerklärlich blieb. Nur mit glasbruchanalytischen Betrachtungen können im Streitfall Aussagen gemacht werden, die auch für den Versicherungsfall zur Klärung führen.

18.5 Innen dichter als außen beim Anstrich

Auch Anstriche können zu Mängeln führen, die erst lange nach der Abnahme entdeckt werden. Im folgenden Beispiel, einem größeren Verwaltungsgebäude, wurden nach der Kernsanierung neue Holzfenster eingebaut. Entsprechend der Architektenvorstellung sind die Oberflächen der Fensterelemente mit einer geringpigmentierten Lasur behandelt. Bei der Abnahme der Fenster ergab sich ein ansprechendes architektonisches Fassadenbild ohne Beanstandung.

Nach einer Nutzungszeit von weniger als zwei Jahren sahen die Fensterelemente auf der Außenseite unansehnlich und scheckig aus (Bild 171). Ursache hierfür war ein alterungsbedingter Abbau der geringpigmentierten Lasurschicht durch die solare UV-Strahlung. Zusätzlich führten Feuchteeinwirkungen zu Veränderungen der Rahmenverbindungen und der Koppelungsfugen.

Die Instandsetzung erfolgte in Abstimmung mit den am Bau Beteiligten mit einer anstrichtechnischen Überarbeitung der Außenflächen der Holzfenster mit einem deckenden Anstrich (Bild 172). Die Holzoberflächen wurden mit Pinselapplikation fachgerecht überstrichen.

Bild 171: Die Holzoberfläche mit der hellen Lasur hat sich sichtbar nachteilig verändert.

Bild 172: Auf den Holzelementen wurde nachträglich ein deckender Anstrich aufgebracht.

Bild 173: Nach ca. drei Jahren sind bei oberflächiger Betrachtung keine besonderen Schadhaftigkeiten zu erkennen.

Mit dieser anstrichtechnischen Maßnahme wurde der erste Fehler, die der Oberflächenbeschichtung mit einer geringpigmentierten Lasur, behoben. Leider bewährte sich diese Maßnahme nicht und führte nach einer weiteren Nutzungszeit von weniger als drei Jahren zu einem erheblichen Schaden (Bild 173).

Bei genauer Betrachtung der anstrichbehandelten Holzoberfläche ist zu erkennen, dass unter der Beschichtung ein feuchtebedingter Holzzerstörungsprozess entstanden ist. Die außenseitige Beschichtung bildet eine dampfdichte Sperrschicht und liegt als geschlossene Anstrichhaut teilweise lose auf der noch existierenden Holzfläche. Öffnet man die Anstrichhaut, kommt die darunterliegende Holzzerstörung zum Vorschein (Bild 174).

Bild 174: Unter der Anstrichschicht ist die Holzsubstanz vollständig zerstört.

Bild 175: An der Flügelrahmenverbindung sind Blasen in der Beschichtung zu erkennen; unter der Beschichtung hat sich durch die Diffusion von der Raumseite zur Außenseite Wasser angesammelt.

Die Ursache für diese Holzzerstörung ergibt sich aus einem Vergleich der Dampfdiffusionswiderstände der raumseitigen Lasurbeschichtung und der außenseitigen Beschichtung (Bild 175). Raumseitig sollten Holzteile im Anstrichaufbau dampfdiffusionsdichter sein als die Beschichtung auf der Außenseite. Durch den außenseitig aufgebrachten deckenden Anstrich ist das Diffusionsgefälle nicht gegeben oder bestenfalls im Gleichgewicht.

Die Beschichtung auf der Holzoberfläche zeigt sich in der mikroskopischen Aufnahme (Bild 176). Unter der dichten Anstrichschicht auf der Außenseite mit einer Trockenschichtdicke größer 100 µm entsteht eine Feuchteanreicherung in der Holzsubstanz, die auf das ungünstige Diffusionsgefälle zurückzuführen ist. Die partielle Holzzerstörung von Holzrahmenteilen, meistens im Bereich der Rahmenverbindungen, ist eine Folge der Abweichung von dem bauphysikalischen Grundsatz *»innen dichter als außen«,* der hier nur bedingt beachtet wurde. Die außen-

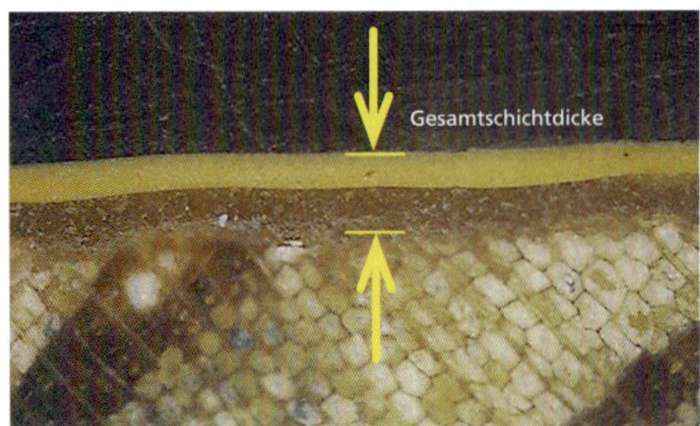

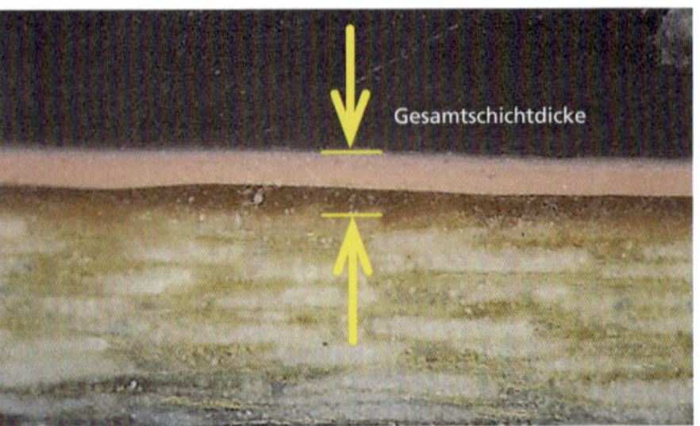

Bild 176: Die mikroskopische Aufnahme zeigt den Schichtaufbau der nachträglichen Beschichtung.

seitig aufgebrachte Anstrichschicht ist im Diffusionsverhalten wesentlich dichter als die verbleibende ursprüngliche raumseitige Lasurbeschichtung.

Es handelt sich damit um einen Fehler, dessen Auswirkung im Nachhinein entstanden ist, der aber im Voraus hätte erkannt werden können.

18.6 Gehrungsrisse bei Kunststofffenstern

Nach unbeanstandeter Abnahme der eingebauten Kunststofffenster können sich im Laufe der Nutzung Haarrisse in der Gehrung bilden, die beanstandet werden. Im folgenden Beispiel befand sich der Haarriss nur oberflächig in der außenseitigen Acrylschicht. Die Spaltöffnung betrug ca. 0,15 mm und die Tiefe ca. 2 mm (Bild 177). Die tragende verschweißte Gehrung des Hauptprofils des Blendrahmens zeigte keine Schädigung in der Schweißnaht, da der Haarriss nur die oberflächige Acrylschicht betraf. Nachträgliche Versuche, den Haarriss zu schließen, erwiesen sich als vergeblich, der Riss öffnete sich bereits nach kurzer Zeit wieder.

Bei PVC-Fenstern mit Acrylbeschichtung in dunklen Farbtönen entstehen durch die hohen Oberflächentemperaturen bei Sonneneinstrahlung temperaturbedingte Längenänderungen, die zu teilweise behinderten Verformungen führen. In diesem Zusammenhang entsteht zusätzlich ein materialbedingter Restschrumpf, der eine Ursache für die großen Spannungen in der Gehrung der Acrylschicht darstellt. Der Haarriss im Beispiel befindet sich in der dünnen Acrylschicht in der Ecke des Falzanschlages, wobei die darunterliegende Eckschweißung des PVC-Profils nicht davon betroffen ist. Es ergeben sich somit keine funktionsbeeinträchtigenden Störungen in der Rahmenverbindung. Der Haarriss im Falzanschlag des Blendrahmens ist ein materialbedingter Schwachpunkt im Stoßbereich der Acrylschicht und kann im weitesten Sinne als optischer Mangel betrachtet werden, da funktionsbeeinflussende Merkmale in der Rahmenverbindung nicht vorliegen.

Bild 177: Kunststofffenster mit Haarriss im Gehrungsbereich der Acrylbeschichtung

Bild 178: Oberflächige Rissbildung in der Gehrung beim Kunststofffenster

Dieser schadhafte Zustand tritt meistens erst nach längerer Einbauzeit auf und führt in den juristischen Betrachtungen zu kritischen Auseinandersetzungen.

Bei weißen Kunststofffenstern gibt es Systeme, bei denen auf der Außenseite eine Aluminiumschale auf die PVC-Profile mit einem Formschluss aufgeklipst ist (Bild 179). Die Aluschalen sind in den Ecken in einem Winkel von 45° zugeschnitten und auf Gehrung stumpf gestoßen. Da sich die Schnittkante im Bereich der Gehrung mit dem silbernen Aluminiumton gut erkennbar von der dunkelgrauen einbrennlackierten Sichtfläche abzeichnet, ist eine geringe Spaltöffnung auch aus größerer Entfernung visuell gut zu erkennen. Je nach Lichteinfall erscheint der sichtbare Spalt als visuelle Beeinträchtigung. Das System erfordert einen hohen Genauigkeitsgrad in der Herstellung.

Bild 179: Spaltöffnungen in der Gehrungsfuge eines Kunststofffensters mit aufgesetzter Aluschale

Hat die Gehrungsfuge beim Kunststofffenster mit Aluschale eine Spaltöffnung, bei der eine Fühlerblattlehre von >0,3 mm eingeschoben werden kann, liegt ein technischer Mangel vor. Die Bewertung kann gemäß der Richtlinie [45] erfolgen. Bei Metallbauteilen an Fenstern an Stoßfugen sind maximale Spaltfugen von 0,2 mm zulässig, sofern die Schlagregendichtheit der Rahmenverbindung dadurch nicht beeinträchtigt wird.

Unter Berücksichtigung dieser Vorgaben ist eine kontinuierlich dichte Gehrung in dieser Ausführungsart nicht zu erwarten. Für eine objektive Bewertung wird an den Sachverständigen ein entsprechender Ermessungsspielraum im Hinblick auf die Grenze der Hinnehmbarkeit gefordert.

18.7 Die Brüstungsfuge

Brüstungsfugen bei Holzrahmenverbindungen haben nach dem Einbau eine dichte Fuge, die sich aber im Laufe der Zeit verändern kann. Bei deckender Oberflächenbeschichtung der Rahmenteile sind offene Brüstungsfugen gut zu erkennen, wie die Beispiele in Bild 180 zeigen.

In den Spaltöffnungen der offenen Rahmenverbindungen kann auf der Außenseite Wasser eindringen und von der Holzsubstanz aufgenommen werden. Mit der Feuchteanreicherung in den Rahmenteilen können zudem ungehindert Pilze eindringen und führen mit der Zeit zur Zersetzung der Holzzellen, also zu Fäulniserscheinungen (Bild 181).

In Untersuchungen wurden die konstruktive Ausbildung der Rahmenverbindung und die Klebstoffanbringung vielfach als Ursachen für die Spaltöffnungen erkannt [54]. Mit dem Auseinandernehmen der Rahmenverbindung in der analytischen Untersuchung kommen die Schwachpunkte der Rahmenverbindung hervor (Bild 182).

Bild 181 zeigt zwei geöffnete Rahmenverbindungen mit Dübeln. Die Dübel (in jeweils unterschiedlicher Anzahl – ein oder zwei Stück) sitzen an der falschen Stelle und führen bei feuchtebedingten Bewegungen in der Brüstungsfuge zu offenen Spaltfugen. Der Klebstoffauftrag ist bei ausreagierten Klebstoffschichten mit einer speziellen Jodtinktur nachweisbar. Auch hier zeigen sich an den geöffneten Rahmenverbindungen in Bild 181 dort erhebliche Fehlstellen, wo kein Klebstoff aufgetragen wurde. Bei Verwendung eines üblichen PVAC-Leimes (sprachgebräuchlich als Weißleim bezeichnet) verfärbt sich die beleimte Fläche durch eine chemische Reaktion zwischen Jod und PVAC dunkel. Die Verfärbung aufgrund der Jod-Reaktion zeigt, dass der gelb markierte Bereich der außenseitigen Brüstungsfuge am Riegelende keinen vollflächigen Leimauftrag aufweist.

Die Rahmenverbindung des Pfosten-Riegels wurde mit einem Dübel ausgeführt, der sich mittig im Profilquerschnitt befindet. Mit dieser Ausführung wirkt der Dübel als Montagehilfe für die Positionierung des Riegels zum Pfosten. Die Rahmenverbindungen mit zwei Dübeln im Profilquerschnitt verbessern nur das statische Tragverhalten, wirken aber für die Stabilisierung der Brüstungsfuge nicht. Die erforderliche Dübelanordnung zur Stabilisierung der Brüstungsfuge, wie in DIN 68121 [28] vorgegeben (Bild 183), ist nicht vorhanden. Damit besteht

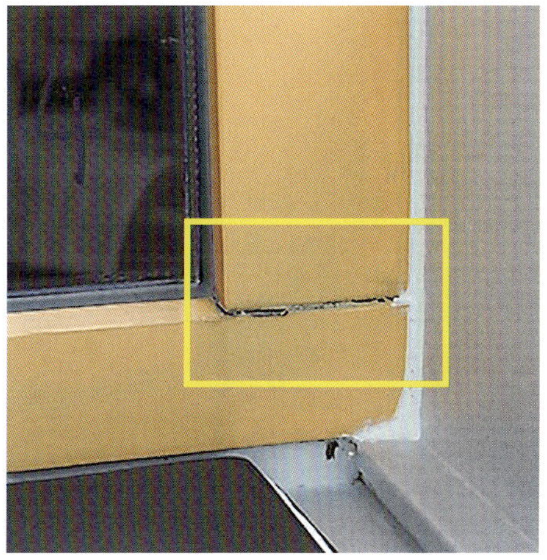

Bild 180: Offene Brüstungsfugen bei Holzrahmenverbindungen

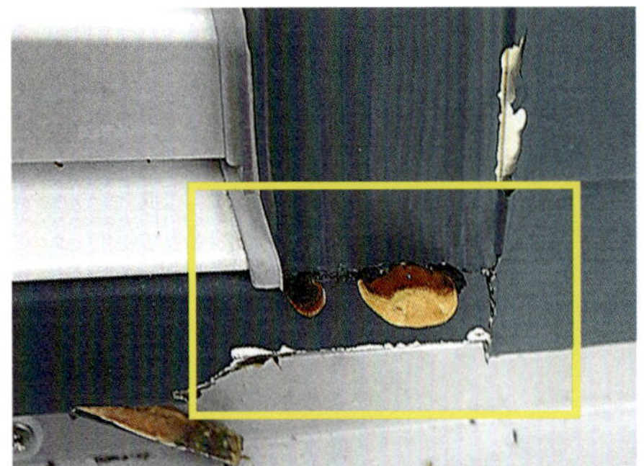

Bild 181: Über die offene Brüstungsfuge kann Wasser in die Holzsubstanz eindringen und führt zu Pilzbefall mit einhergehender Holzzerstörung.

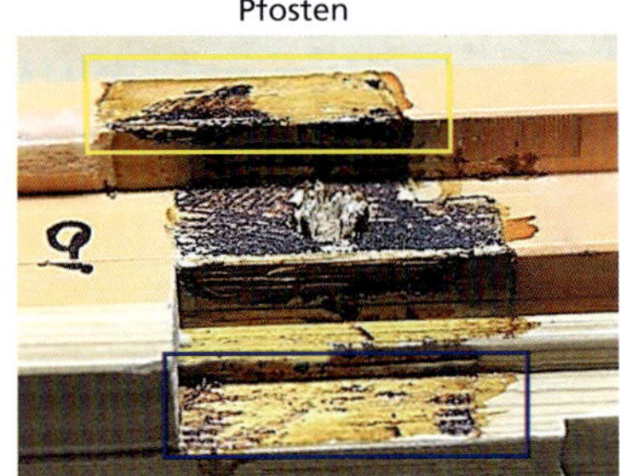

Bild 182: Geöffnete Rahmenverbindungen mit falschen und nicht ausreichenden Dübelverbindungen und fehlerhaftem Klebstoffauftrag

bei Nichtbeachtung die Gefahr, dass sich die Brüstungsfugen öffnen, wie im vorliegenden Fall auch geschehen.

Die Dichtheit einer Brüstungsfuge wird durch den Klebstoff und den Klebstoffauftrag mitbestimmt. Deshalb hat die DIN 18355 *Tischlerarbeiten* [17] in Abschnitt 3.6.4 vorgegeben: »*Rahmenverbindungen bei Holzfenster müssen – auch an Brüstungen – vollflächig verleimt werden.*« Für die Rahmenverbindungen bei Holzfenstern ist ein Holzklebstoff nach DIN EN 204 [35] der Beanspruchungsgruppe D4 zu verwenden [61].

Bei Rahmenverbindungen am Holzfenster wird vorausgesetzt, dass die auftretenden mechanischen Belastungen durch eine ausreichende Eckfestigkeit schadfrei aufgenommen werden und die Brüstungsfuge dicht ist, damit keine Feuchtigkeit eindringen kann. Für den Sachverständigen ist eine geöffnete Brüstungsfuge durch Sichtprüfung gegeben, jedoch ist eine Ursachenbewertung der Rahmenverbindung nur mit Zerlegung des Rahmens und analytischen Untersuchungen möglich.

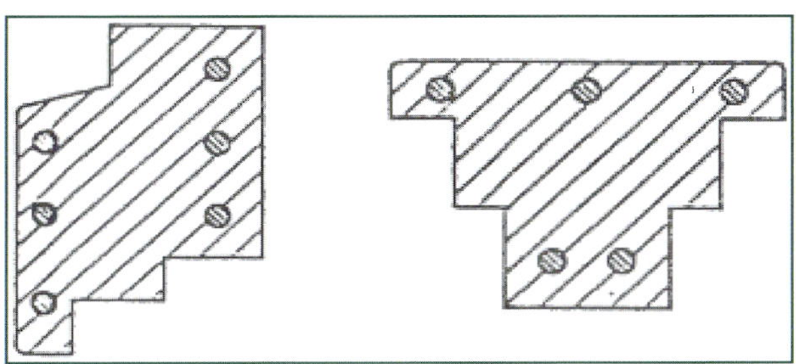

Bild 183: Dübelbild nach [28] für Pfosten und Riegel

18.8 Jalousie im Scheibenzwischenraum und die Gebrauchstauglichkeit

Modernes Isolierglas mit integrierten Systemen im Scheibenzwischenraum (SZR) haben einen Jalousien-Behang oder Systeme mit Plissee-Behang im SZR. Der Behang im SZR bildet einen beweglichen Sonnen- oder Lichtschutz, der per Tastendruck über einen Elektromotor gesteuert werden kann (Bild 184). Der Nutzer kann damit den Sonneneintrag oder den Lichteinfall individuell einstellen. Der Behang ist in dem abgeschlossenen SZR vor äußeren Einflüssen geschützt, womit Reinigungs- oder Wartungsmaßnahmen an dem Behang oder der Motoreinheit, die sich eingeschlossen im Abstandhalter befindet, nicht gegeben sind. Der Markt bietet eine Vielzahl an Systemen an. Endscheidend ist jedoch die Frage der Gebrauchstauglichkeit. Da es hierfür keine normativen Vorgaben gibt, kann die Gebrauchstauglichkeit nach der ift-Richtlinie [43] untersucht und bewertet werden. Zum Einsatz sollte nur Isolierglas mit Jalousien oder mit Plissee-Behang kommen, von denen ein umfangreicher Nachweis der Gebrauchstauglichkeit vorliegt.

Die Mechanik der Jalousie besteht aus komplexen und filigranen Bauteilen. Der Zusammenbau der Einzelteile muss in Verbindung mit der Schutzhülle durch das

Bild 184: Isolierglas mit einer Jalousie im Scheibenzwischenraum

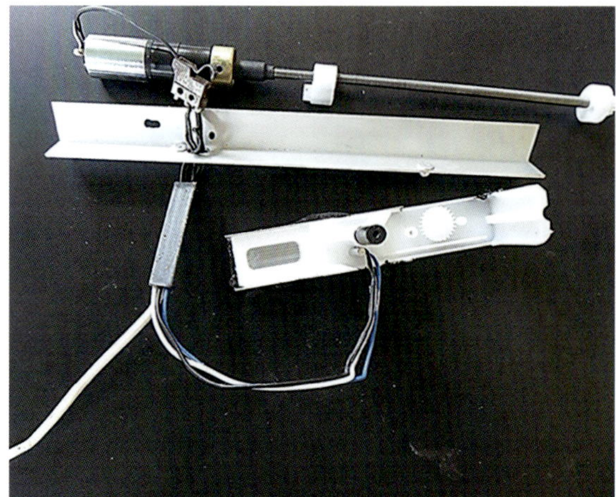

Bild 185: Filigrane Bauteile einer Jalousie sind im Abstandhalter eingebaut. Die elektrische Kabelführung muss absolut dicht durch die Eckausbildung geführt werden.

Isolierglas und dem Kabeldurchbruch im Isolierglasrand mit höchster Präzision ausgeführt werden. Bild 185 zeigt an einem typischen Produkt die Vielzahl der Einzelteile, die zu einem Gesamtsystem verbaut werden müssen.

Isolierglas mit Jalousie im SZR findet bei Fenstererneuerungen, insbesondere bei Büroräumen aber auch bei besonders architektonischen Wohngebäuden, Anwendung. In der Praxis hat sich gezeigt, dass Störanfälligkeiten auftreten, obwohl umfangreiche Nachweise nach [62] vorliegen. Störungen am Behang können unterschiedliche Ursachen haben, führen jedoch zum Totalausfall des Behangs im SZR.

Liegt eine Störung im Behang zum Beispiel durch Seilriss vor, ist eine Instandsetzung des Systems nicht mehr möglich. (Bild 186) Bei diesem Totalausfall der Funktion ist nur ein vollständiger Austausch gegen eine neue, gleichwertige Isolierglasscheibe mit integrierten Systemen im Scheibenzwischenraum möglich.

Im Rahmen der Gutachtertätigkeit des Autors als Sachverständiger bleibt eine Vielzahl an versagten Jalousien im Scheibenzwischenraum in Erinnerung. Obwohl die Gebrauchstauglichkeit der Systeme nachgewiesen wurde, verbleibt im Laufe der Nutzung ein Risiko der Störanfälligkeit. Aus den Erfahrungen kann rückblickend von einer Schadenshäufigkeit von 10 bis 15 % an defekten Isolierglasscheiben mit Jalousien im SZR je Objekt ausgegangen werden.

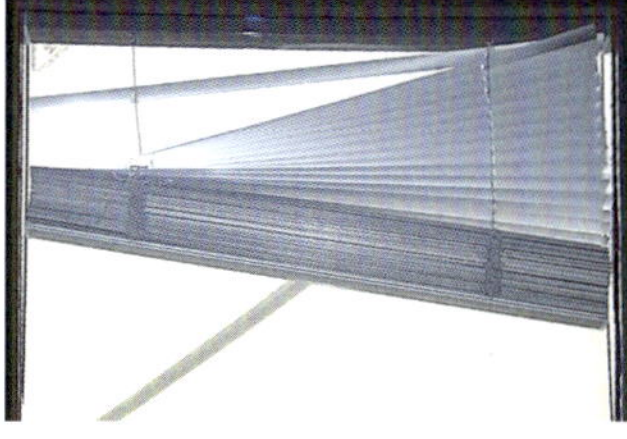

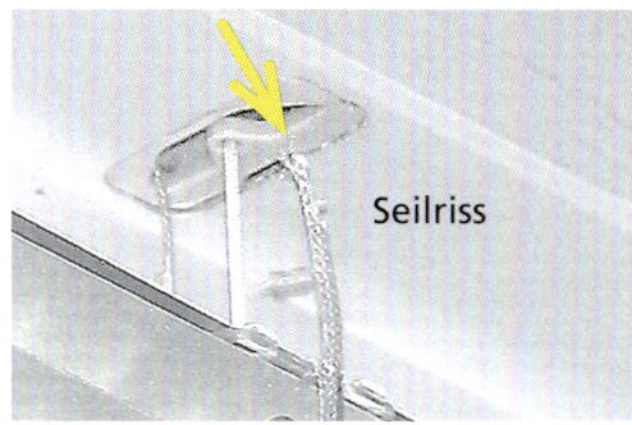

Bild 186: Wenn bei einer Jalousie im Scheibenzwischenraum ein Seilriss auftritt (gelber Pfeil), kommt es zum Totalausfall des Systems.

18.9 Glasbruch in Verbindung mit Nickel-Sulfid

Nach der Fenstererneuerung oder Fassadenerneuerung treten vereinzelt und unerwartet Glasbrüche auf, deren Ursachen durch äußere Einwirkungen nicht direkt zu erklären waren. Bei Verglasungen mit Einscheiben-Sicherheitsglas (ESG) entsteht ein Glasbruch mit einem typischen Bruchbild, womit die Ursache erklärbar ist. Bei der Herstellung der Floatglasscheibe kann in der Mitte der Glasdicke ein nicht sichtbarer Fremdeinschluss enthalten sein, der als Nickel-Sulfid-Einschluss NiS besteht. In üblichen Verglasungen mit Isolierglas aus Floatglas ist dieser NiS ohne Auswirkungen. Mit der Herstellung der Floatglasscheiben zu ESG entsteht ein Spanungsgefüge im Glasquerschnitt mit Druckspannungen in den äußeren Bereichen und Zugspannungen im Glasinneren. Nach dem Einbau der Verglasung vergrößert der NiS-Einschluss sein Volumen durch eine Phasenumwandlung um ca. 4 %. Damit entsteht ein Spannungsanstieg im Innern der Glasmatrix, der ohne äußere Einwirkungen spontan zu einem Glasbruch führen kann. Dabei zerplatzt die Glasscheibe in unzählige stumpfe kleinkrümelige Glasbruchstücke. Das Bruchzentrum, von dem strahlenförmig der Bruch über die gesamte ESG-Scheibe verläuft, zeigt eine schmetterlingstypische Struktur (Bild 187).

Über den Spontanbruch bei Einscheiben-Sicherheitsglas existieren viele Untersuchungen und wissenschaftliche Abhandlungen, auf die hier nicht weiter eingegangen wird. Zur Vermeidung von Spontanbrüchen wird ESG nach der Herstellung einer Heißlagerung nach DIN 14179 [31] unterzogen.

Bild 187: Typischer Glasbruchverlauf bei einem Nikel-Sulfit-Einschluss, der nur unter dem Mikroskop sichtbar ist und mittels energiedispersiver Röntgenspektroskopie analysiert werden kann

Bild 188: Fassadenerneuerung mit vorgehängten VSG aus TVG

Von Interesse ist aber ein Glasschaden, der bei einer Fassadenerneuerung (Bild 188) an einem bestehenden großen Verwaltungsbau entstanden ist. An dem Bestandsbau wurde eine Tragkonstruktion für die Aufnahme von vorgehängten Verbundsicherheitsgläsern (VSG) angebracht (Bild 189). Die großformatigen VSG bestehen aus zwei 6 mm teilvorgespannten Floatglasscheiben (teilvorgespanntes Glas, TVG) mit mehreren farbigen PVB-Folienlagen (Polyvinylbutyral), durch die ein grünliches Aussehen der Fassade entsteht.

Das hier verwendete TVG nach DIN EN 1863 [34] wird ähnlich wie ESG hergestellt, jedoch mit langsamerer Abkühlung, wodurch ein geringerer Vorspanngrad entsteht. Das Bruchbild unterscheidet sich von ESG und ähnelt weitgehend dem Bruchverlauf von Floatglas. Durch den VSG-Aufbau bleiben Glasbruchteile über die PVB-Klebung im Verbund erhalten.

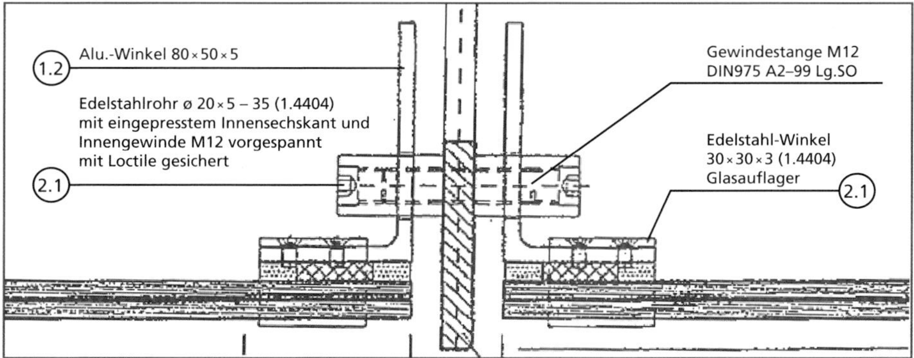

Bild 189: Tragkonstruktion für die Fassadenerneuerung mit vorgehängten VSG aus TVG

An der Fassade sind Glasbrüche an ca. 40 % der eingebauten VSG-Scheiben aufgetreten, deren Ursache nicht erkennbar war. Typische Glasbruchbilder, die unterschiedliche Bruchverläufe zeigen, sind in Bild 190 zu sehen.

Die Ursache konnte erst im Labor mit analytischen Untersuchungen geklärt werden. Dabei zeigten sich mit Rasterelektronenmikroskopie (REM) und Energiedispersiver Röntgenspektroskopie (EDX) im Bruchverlauf an verschiedenen Stellen im Bruchspiegel rund-ovale kugelförmige Einschlüsse in Abmessungen von 260 µm bis 580 µm (Bild 191). Die Analyse belegte eindeutig NiS-Einschlüsse (Bild 192).

Die Besonderheit bei der hier erhaltenen Feststellung basiert auf einer ungewöhnlichen Erkenntnis. Bisher war in der Fachwelt bekannt, dass die Gefahr von Spontanbruch durch NiS bei TVG aufgrund der wesentlich geringeren Vorspannung nicht auftritt. Es zeigte sich hier, dass auch bei TVG Spontanbrüche durch NiS-Einschlüsse auftreten können, wenn der VSG-Verbund durch die Farbgebung zu einer

Bild 190: Unterschiedliche Bruchverläufe beim TVG

Bild 191: NiS-Einschluss in der Glasmasse beim TVG

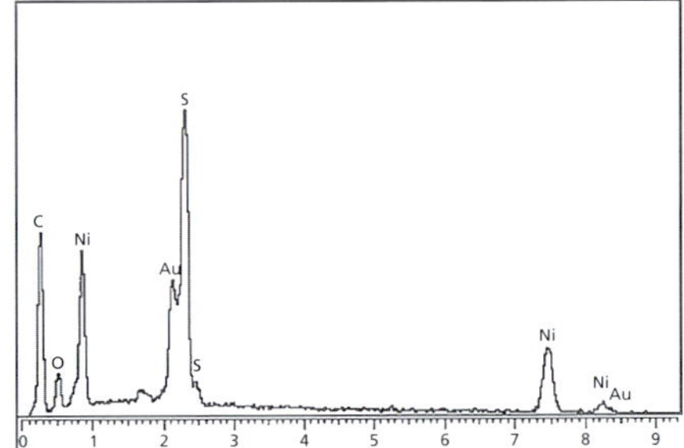

Bild 192: EDX-Spektrum zeigt den NiS-Nachweis

hohen Absorption führt. Wenn man bisher davon ausgegangen ist, dass NiS bei TVG zu keiner Schädigung führt, bringt der vorliegende Schadensfall mit vielen glasbruchgeschädigten Scheiben in der Fassade eine neue Erkenntnis [63]. Die Praxiserfahrung macht deutlich, dass unter bestimmten Konstruktionsbedingungen auch bei TVG Spontanbrüche durch NiS auftreten können.

18.10 Die Ganzglasecke, ein Problemfall?

Die Ganzglasecke ist ein beliebtes architektonisches Gestaltungsmittel bei modernen Wohngebäuden. Der nur sehr gering beeinträchtigende Blick von der Raumseite zu der außenseitigen Umgebung ist ein begehrter Wunsch des Bauherrn. Großflächige Verglasungen können im Gebäudewinkel mit den Isolierglasrändern aneinandergefügt werden, sodass vertikale Rahmenteile der Fensterprofile nicht vorkommen (Bild 193). Bei der konstruktiven Ausbildung müssen jedoch technische Merkmale beachtet werden, die in der Praxis manchmal nicht umgesetzt werden.

Bild 193: Typische Ganzglasecken

Bild 194: Sollausführung einer Ganzglasecke; zum UV-Schutz ist der Isolierglasrand mit einer Emaillierung beschichtet; die Wetterfuge zwischen den beiden Isolierglasscheiben ist mit einem geeigneten Dichtstoff abgedichtet

Die Wetterfuge kann sich im Laufe der Zeit verändern. Dabei zeigen sich typische Verträglichkeitsstörungen durch Erweichen des Fugendichtstoffes, wobei das Erweichen durch Migration der Bestandteile des Fugendichtstoffes in den Dichtstoff des Isolierglasrandverbundes entsteht (Bild 195). Ebenso können Enthaftungen zu den Grenzflächen auftreten (Bild 196). Ganzglasecken benötigen Dichtstoffe im Isolierglasrand und der Wetterfuge, die nachweislich verträglich sind. Hierzu ist unbedingt bei der Planung auf die Auswahl der Dichtstoffe hinzuweisen und auf einen aktuellen Nachweis der Unverträglichkeit zu bestehen.

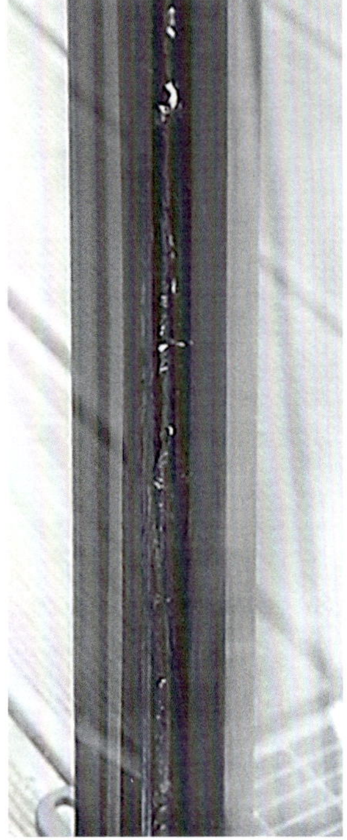

Bild 195: Erweichter Dichtstoff in der Wetterfuge

Bild 196: Enthaftung des Dichtstoffes der Wetterfuge von den Haftflächen

Die Planung der Ganzglasecke muss auch die Gefahr der Tauwasserbildung berücksichtigen. Die Überprüfung der Isothermen kann Rückschlüsse aufzeigen (Bild 197).

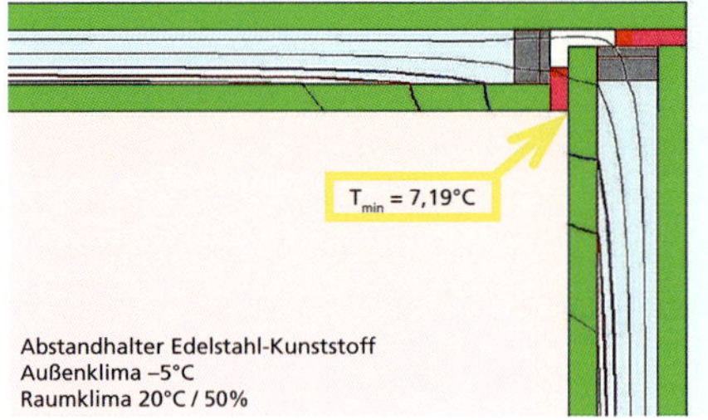

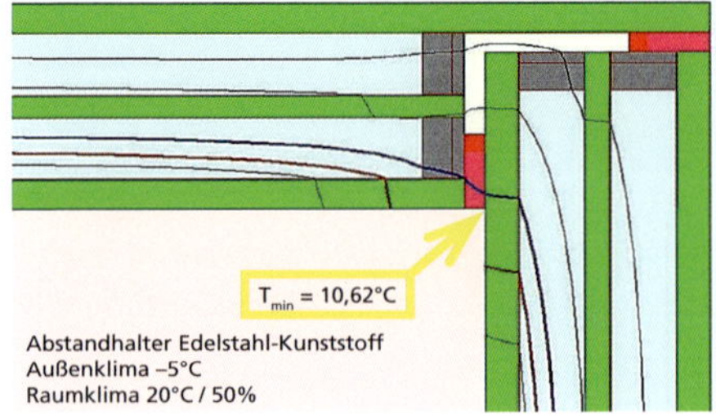

Bild 197: Die Isothermen an der Glasglasecke zeigen den Unterschied zwischen 2fach- und 3fach-Isolierglas.

Die Ganzglasecke bildet einen wärmetechnischen Schwachpunkt, sodass bei kalter Jahreszeit Tauwasser auf dem raumseitigen Eckbereich bei einer Zweifach-Isolierglas-Kombination nicht zu vermeiden ist (Bild 198).

Bild 198: Tauwasser an der raumseitigen Ganzglasecke

Ganzglasecken sind ein architektonisch interessantes Gestaltungmerkmal im modernen Bauwesen. Es müssen aber auch die Grenzen der Anwendbarkeit hinsichtlich des wärmetechnischen Verhaltens berücksichtigt werden. Vor der technischen Ausführung ist unbedingt der Nachweis der Verträglichkeit der verwendeten Dichtstoffe zu belegen. Eine Abstimmung zwischen Planer und Bauherrn ist bei Ganzglasecken mit Hinweis auf die Gebrauchstauglichkeit unbedingt erforderlich.

19 Fenstererneuerung und die Regelwerke

Die in den vorherigen Kapiteln zusammengetragenen Beispiele und Erläuterungen zeigen den komplexen Zusammenhang, der sich bei der Fenstererneuerung ergibt. Regelwerke geben eigentlich theoretisch richtige Vorgaben an, die zumindest zu beachten sind. Die praktische Umsetzung zeigt jedoch teilweise unvermeidbare Abweichungen, die dem Bauzustand zuzuordnen sind. Sachverständige haben zu klären, ob die Bauleistung mit Abweichungen die Gebrauchstauglichkeit erfüllen kann. Die Bewertung der Abweichungen ist eine Abwägung im Umgang mit den theoretisch vorgegebenen Regeln. Manche bauüblichen Abweichungen sind vom Besteller als hinzunehmende Unregelmäßigkeit zu akzeptieren. Aber wo sind hier die Grenzen der Zumutbarkeit? Zum Tätigkeitsfeld des Sachverständigen gehört es, Fehler und Mängel im Bereich Fenster und Fassade festzustellen, zu bewerten und mögliche Beseitigungsmaßnahmen festzulegen. Bei der Betrachtung von Abweichungen fallen grundsätzliche Merkmale auf, wie nachfolgende Auflistung zeigt:

1. Planungsfehler, wozu unzureichende Planungsgrundlagen sowie auch fehlerhafte Planungsvergabe zählen; der Grundsatz, dass es einer fachgerechten Planung bedarf, bevor ein Werk zu erstellen ist, wird vielfach nicht ausreichend beachtet;
2. grundlegende handwerkliche Fehler, die zum Erstaunen des Sachverständigen führen, da die Fehler durch qualifizierte handwerkliche Kenntnisse vermeidbar gewesen wären;
3. die Auftragsvergabe von der einen zu der anderen Sub-Firma führte zu Informationsverlusten in der Aufgabenstellung und führt infolgedessen zu fehlerhafter Ausführung;
4. gewerkübergreifende Defizite in der Ausführung durch verschiedene Handwerksbereiche, die eigentlich durch die Planung in Verbindung mit der Bauüberwachung vermeidbar sind;
5. nicht durchgeführte oder unzureichende Informationen zur Bauausführung an den Bauherrn; vielfach ist der Bauherr von anderen Vorstellungen ausgegangen, die der Bauausführung nicht entsprechen.

Der Streitpunkt in vielen gerichtlichen Auseinandersetzungen liegt im Grundsatz in den vorgenannten Merkmalen, die durch den Sachverständigen bzw. die Sachverständige erkannt werden. Hier stellt sich die Frage nach den Ursachen, also warum das Werk so fehlerhaft ausgeführt wurde. Fehlt es an der Ausbildungsqualität der Planer und/oder der Ausführenden? Werden grundlegende handwerkliche Regeln heute nicht mehr ausreichend an die ausführenden Handwerker weitergegeben?

Aus der Sicht der Planer und der Ausführenden kann die Vielzahl an Vorgaben aus Richtlinien, nationalen und europäischen Normen sowie technischen Regeln in der Tiefe und im vollen Umfang nicht mehr beherrscht werden.

Selbst der Überblick geht verloren und Seminare und technische Veranstaltungen können nur begrenzt das Fachwissen ergänzen oder auffrischen. Im Tagesgeschäft des Planers und Handwerkers steht auch die nötige Zeit zur Selbstschulung nicht ausreichend zur Verfügung.

Die Klärung durch den Sachverständigen, ob die ausgeführte Fenstererneuerung den anerkannten Regeln der Technik entspricht, bedarf eines Ermessungsspielraums zwischen theoretischen Vorgaben und praktischen Ausführungen. Die Bewertungen sollen auf den konkreten Sachverhalt erfolgen und abwägen, ob der bauliche Zustand noch akzeptabel und hinnehmbar ist. Vielfach werden Beanstandungen mit Bezug auf einen Punkt in einem Regelwerk vorgebracht, wobei die Schwierigkeit in der bautechnischen Ausführung zu dieser Sache unbedacht bleibt. Hier hat der Sachverständige zu klären, ob die Funktion uneingeschränkt noch gegeben ist, oder ob nichtvertretbare Abweichungen vorliegen. Ebenso ist zu prüfen, ob die Ausführung für die vorgesehene Nutzungsdauer zuverlässig gebrauchstauglich ist.

Aus langjähriger Erfahrung als Sachverständiger lässt sich im Rückblick auf die erstellten Gerichtsgutachten sagen, dass oft ein Zielkonflikt mit den Parteien ausgelöst wird. Obwohl die neutrale Betrachtung der Einbausituation der Fenster im Sachverständigengutachten dokumentiert und nachvollziehbar dargestellt wird, widersprechen Parteien dem Gutachten, da das Gutachtenergebnis den parteiinternen strategischen Vorstellungen nicht entspricht. Der Meinungsunterschied äußert sich in den Kommentaren und Vorhaltungen gegen den Inhalt des Gutachtens, aber auch direkt gegen den Sachverständigen. In dieser Phase darf der Sachverständige die Vorhaltungen nicht persönlich nehmen, sondern muss aggressionsfrei und mit sachlichen Formulierungen den Sachverhalt erklären. Genau das wird von dem öffentlich bestellten und vereidigten Sachverständigen, mit seiner besonderen Sachkunde, erwartet.

Dieses Buch zeigt die vielfach auftretenden Beanstandungen und Ausführungsfehler im Istzustand im Vergleich zum Sollzustand, welcher sich aus den Regelwerken ergibt. Bei der Fensterneuerung werden oft die Grenzen der Vorgaben hinsichtlich des theoretischen Idealzustands überschritten, weil die örtliche Bausituation keine andere Lösung erlaubt. In solchen Fällen gilt es abzuwägen, was aus technischer Sicht noch akzeptabel ist. Dabei muss selbstverständlich auch eine der ausdrücklich vereinbarten Beschaffenheit entsprechende Werkleistung gebrauchstauglich sein.

Die in diesem Buch zusammengetragenen Beispiele lassen hierzu Ansätze erkennen und geben Hinweise zum Grundsatz »aus Fehlern lernen«.

20 Anhang

Literatur

Gesetze und Verordnungen

[1] Bürgerliches Gesetzbuch (BGB), § 640 Abnahme, Abs. 2. URL: https://www.gesetze-im-internet.de/bgb/__640.html (Stand: 25.06.2021)

[2] Gesetz über das Inverkehrbringen von und den freien Warenverkehr mit Bauprodukten zur Umsetzung der Richtlinie 89/106/EWG des Rates vom 21. Dezember 1988 zur Angleichung der Rechts- und Verwaltungsvorschriften der Mitgliedstaaten über Bauprodukte (Bauproduktengesetz BauPG). In: Bundesgesetzblatt Jahrgang 1992 Teil I Nr. 39, ausgegeben zu Bonn am 14. August 1992, S. 1495 ff. URL: https://www.gesetze-im-internet.de/baupg_2013/ (Stand: 25.06.2021)

[3] Gesetz zur Einsparung von Energie und zur Nutzung erneuerbarer Energien zur Wärme- und Kalterzeugung in Gebäuden (Gebäudeenergiegesetz – GEG). In: Bundesgesetzblatt Jahrgang 2020 Teil I Nr. 37, ausgegeben zu Bonn am 13.8.2020, S. 1728 ff. URL: https://www.gesetze-im-internet.de/geg/ (Stand: 25.06.2021)

[4] Gesetz zur Förderung der Kreislaufwirtschaft und Sicherung der umweltverträglichen Bewirtschaftung von Abfällen (Kreislaufwirtschaftsgesetz – KrWG). URL: https://www.gesetze-im-internet.de/krwg/ (Stand: 25.06.2021)

[5] Musterbauordnung (MBO). Fassung November 2002. Zuletzt geändert durch Beschluss der Bauministerkonferenz vom 27.09.2019. URL: https://www.bauministerkonferenz.de/suchen.aspx?id=762&o=759O762&s=musterbauordnung (Stand: 25.06.2021)

[6] Sachverständigenverordnung der IHK für München und Oberbayern; Entwurfs-Fassung 2019

[7] Verordnung über energiesparenden Wärmeschutz und energiesparende Anlagentechnik bei Gebäuden (Energieeinsparverordnung – EnEV) 2013. URL: https://www.bmwi.de/Redaktion/DE/Gesetze/Energie/EnEV.html (Stand: 25.06.2021)

[8] Verordnung zur Bestimmung von Mindestanforderungen für energetische Maßnahmen bei zu eigenen Wohnzwecken genutzten Gebäuden nach § 35 c des Einkommensteuergesetzes (Energetische Sanierungsmaßnahmen-Verordnung – ESanMV). URL: http://www.gesetze-im-internet.de/esanmv/ (Stand: 25.06.2021)

[9] Wärmeschutzverordnung 1977. URL: https://www.bbsr-energieeinsparung.de/EnEV-Portal/DE/Archiv/WaermeschutzV/WaermeschutzV1977/1977.html (Stand: 25.06.2021)

DIN-Normen

[10] DIN 1961:2016-09 VOB Vergabe- und Vertragsordnung für Bauleistungen – Teil B: Allgemeine Vertragsbedingungen für die Ausführung von Bauleistungen

[11] DIN 18040-1:2010-10 Barrierefreies Bauen – Planungsgrundlagen – Teil 1: Öffentlich zugängliche Gebäude

[12] DIN 18040-2:2011-09 Barrierefreies Bauen – Planungsgrundlagen – Teil 2: Wohnungen

[13] DIN 18195:2017-07 Abdichtung von Bauwerken – Begriffe

[14] DIN 18339:2019-09 VOB Vergabe- und Vertragsordnung für Bauleistungen – Teil C: Allgemeine Technische Vertragsbedingungen für Bauleistungen (ATV) – Klempnerarbeiten

[15] DIN 18345:2019-09 VOB Vergabe- und Vertragsordnung für Bauleistungen – Teil C: Allgemeine Technische Vertragsbedingungen für Bauleistungen (ATV) – Wärmedämm-Verbundsysteme

[16] DIN 18350:2019-09 VOB Vergabe- und Vertragsordnung für Bauleistungen – Teil C: Allgemeine Technische Vertragsbedingungen für Bauleistungen (ATV) – Putz- und Stuckarbeiten

[17] DIN 18355:2019-09 VOB Vergabe- und Vertragsordnung für Bauleistungen – Teil C: Allgemeine Technische Vertragsbedingungen für Bauleistungen (ATV) – Tischlerarbeiten

[18] DIN 18360:2019-09 VOB Vergabe- und Vertragsordnung für Bauleistungen – Teil C: Allgemeine Technische Vertragsbedingungen für Bauleistungen (ATV) – Metallbauarbeiten

[19] DIN 18361:2019-09 VOB Vergabe- und Vertragsordnung für Bauleistungen – Teil C: Allgemeine Technische Vertragsbedingungen für Bauleistungen (ATV) – Verglasungsarbeiten

[20] DIN 18540:2014-09 Abdichten von Außenwandfugen im Hochbau mit Fugendichtstoffen

[21] DIN EN ISO 10211: 2018-03 Wärmebrücken im Hochbau

[22] DIN 18542:2020-04 Imprägnierte Fugendichtungsbänder aus Schaumkunststoff zur Abdichtung von Außenwandfugen – Anforderungen und Prüfung

[23] DIN 18542:1999-01 Abdichten von Außenwandfugen mit imprägnierten Fugendichtungsbändern aus Schaumkunststoff (Urfassung ist zurückgezogen; Ersatz durch Fassung 2020-4)

[24] DIN 1946-6:2019-12 Raumlufttechnik – Teil 6: Lüftung von Wohnungen – Allgemeine Anforderungen, Anforderungen an die Auslegung, Ausführung, Inbetriebnahme und Übergabe sowie Instandhaltung

[25] DIN 31051:2019-06 Grundlagen der Instandhaltung

[26] DIN 4108-7:2011-01 Wärmeschutz und Energie-Einsparung in Gebäuden – Teil 7: Luftdichtheit von Gebäuden – Anforderungen, Planungs- und Ausführungsempfehlungen sowie -beispiele

[27] DIN 4108-2:2013-02 Wärmeschutz und Energie-Einsparung in Gebäuden – Teil 2: Mindestanforderungen an den Wärmeschutz

[28] DIN 68121-1:1993-09 Holzprofile für Fenster und Fenstertüren; Maße, Qualitätsanforderungen

[29] DIN EN 107:1982-02 Prüfverfahren für Fenster; Mechanische Prüfungen (zurückgezogen und ersetzt durch DIN EN 1191:2013-04 Fenster und Türen – Dauerfunktionsprüfung – Prüfverfahren)

[30] DIN EN 12207:2017-03 Fenster und Türen – Luftdurchlässigkeit – Klassifizierung

[31] DIN EN 14179-1:2016-12 Glas im Bauwesen – Heißgelagertes thermisch vorgespanntes Kalknatron-Einscheibensicherheitsglas – Teil 1: Definition und Beschreibung

[32] DIN EN 14351-1:2016-12 Fenster und Türen – Produktnorm, Leistungseigenschaften – Teil 1: Fenster und Außentüren

[33] DIN EN 15651-1:2017-07 Fugendichtstoffe für nicht tragende Anwendungen in Gebäuden und Fußgängerwegen – Teil 1: Fugendichtstoffe für Fassadenelemente

[34] DIN EN 1863-1:2012-02 Glas im Bauwesen – Teilvorgespanntes Kalknatronglas – Teil 1: Definition und Beschreibung

[35] DIN EN 204:2016-11 Klassifizierung von thermoplastischen Holzklebstoffen für nichttragende Anwendungen

Merkblätter und Richtlinien

[36] ARGE Fensterbank (Hrsg.): Richtlinie Fensterbank für deren Einbau in WDVS- und Putzfassaden in vorgehängten Fassaden sowie für Innenfensterbänke. 4. Ausgabe, 2020

[37] Bundesverband Flachglas e. V. (Hrsg.): BF-Merkblatt 006-2019: Richtlinie zur Beurteilung der visuellen Qualität für Glas im Bauwesen

[38] Bundesinnungsverband des Glaserhandwerks; Verband Fenster + Fassade; RAL-Gütegemeinschaft Fenster und Haustüren e. V. (Hrsg.): Technische Richtlinien Nr. 20. Leitfaden zur Planung und Ausführung der Montage von Fenstern und Haustüren für Neubau und Renovierung. 7. Aufl. Düsseldorf: Verlagsanstalt Handwerk, 2020

[39] Deutsches Dachdeckerhandwerk: Regeln für Abdichtungen (Flachdachrichtlinie 2019)

[40] Fachverband Glas Fenster Fassade Baden-Württemberg (Hrsg.): Handwerkliche Montage von Fenstern und Außentüren im Gebäudebestand; Bundesverband Holz und Kunststoff. Handwerksregeln, die sich in der Praxis bewährt haben. Ausgabe 2019

[41] Gütegemeinschaft Wärmedämmung von Fassaden e. V. (Hrsg.): Empfehlung für den Einbau/Ersatz von Metall-Fensterbänken (WDVS-Fassade). Entwurfsfassung 2011

[42] Industrieverband Dichtstoffe (Hrsg.): IVD-Merkblatt Nr. 9. Spritzbare Dichtstoffe in der Anschlussfuge für Fenster und Außentüren. Grundlagen für die Ausführung. Düsseldorf: HS Public Relations Verlag und Werbung GmbH, 2014

[43] Institut für Fenstertechnik e. V. (ift Rosenheim) (Hrsg.): ift-Richtlinie VE-07/3. Mehrscheiben-Isolierglas mit beweglichen Sonnenschutzsystemen integriert im Scheibenzwischenraum. Nachweis der Gebrauchstauglichkeit von Mehrscheiben-Isolierglas (MIG) mit integrierten beweglichen Einbauten. 2018

[44] RAL Gütegemeinschaft Fenster und Haustüren e. V.: Leitfaden zur Planung und Ausführung der Montage von Fenstern und Haustüren. Ausgabe 2014

[45] RAL-GZ 695:2016-07 Fenster, Fassaden und Haustüren – Gütesicherung.

[46] Verband der Fenster- und Fassadenhersteller e. V. (Hrsg.): Richtlinie zur visuellen Beurteilung einer fertigbehandelten Oberfläche bei Holzfenstern und Außentüren. Frankfurt: 2009

[47] Verband der Fenster- und Fassadenhersteller e. V. (Hrsg.): VVF Merkblatt KU.01. Visuelle Beurteilung von Oberflächen von Kunststofffenster- und -Türelementen. Frankfurt: 2009

Bücher und Zeitschriftenartikel

[48] Bayerische Ingenieurekammer-Bau (Hrsg.): 101 Fragen. 101 Antworten. Denkmalpflege. Bauen im Bestand. München: August 2010

[49] Chmieleck, W.-D.: Ein kleiner, teurer Unterschied. Glaswelt (2011), Nr. 5, S. 48

[50] Institut für Fenstertechnik e. V. (ift Rosenheim) (Hrsg.): Tauwasser in Fenster- und Fassadenkonstruktionen. Fachinformation ift Rosenheim (2003), Nr. 2

[51] isp Rosenheim (Hrsg.): Vermeidung von Tauwasser in Falzen von Fenstern zwischen Flügel und Blendrahmen. Ergebnisse aus dem Teilprojekt 19 des Verbundvorhabens »Holzbau der Zukunft«. 2009

[52] Schmid, J.; Stiell, W.: Anschluß der Fenster zum Baukörper. BundesBauBlatt (BBB) 34 (1985), Nr. 5, S. 290–292, 294, 297–298

[53] Schmid, J.: Die Fensterbank – eine unendliche Geschichte. Tagungsbeitrag zum ift-Sachverständigenforum 2011. Rosenheim: 2011

[54] Schmid, J.; Stiell, W.: Anforderungen an die Verleimung von Fenstern. HOB – Die Holzbearbeitung 36 (1989), Nr. 5, S. 126, 131–132

[55] Schmid, J.; Stiell, W.: Letzte Meldung aus Rosenheim. Dichte Fenster durch größere Fugen. Bau-und Möbelschreiner (BM) (1977), Nr. 4, S. 70–74

[56] Schmid, J.; Stiell, W.; Blaschke, K.: Anschluß der Fenster zum Baukörper. Forschungsbericht am Institut für Fenstertechnik. Rosenheim: 1982

[57] Schweizerische Zentrale Fenster und Fassaden (SZFF) (Hrsg.): Dichtheit und Feuchtigkeitsschutz bei Fenstern, Fassaden und deren Anschlüsse. Olten: 1987

[58] Seifert, E.: Der Fensterbau. Karl Hofmann Verlag, 1954

[59] Sieberath, U.; Niemöller, C.: Kommentar zur DIN EN 14351-1 Fenster und Türen. Produktnorm, Leistungseigenschaften. Stuttgart: Fraunhofer IRB Verlag, 2010

[60] Stiell, W.: Glas in Verbindung mit anderen Materialien. In: Tagungsunterlagen Rosenheimer Fenstertage 2004

[61] Stiell, W.: Hinweise zur richtigen Beurteilung von Holzklebstoffen. adhäsion KLEBEN & DICHTEN 47 (2003), Nr. 5, S. 35–38

[62] Stiell, W.: Aktuelle Schadensfälle aus der Praxis des Sachverständigen. In: ift-Sachverständigenforum 2013, S. 26–31

[63] Stiell, W.: Gutachterbeitrag: Glasschäden bei TVG. Glaswelt (2013)

[64] Stiell, W.: Von der Kittfase zum Structural Glazing. Fachgerechte Verbindung zwischen Glas und Rahmen. Glaswelt 53 (2000), Nr. 3, S. 56–60

[65] VFF Verband Fenster und Fassade; BF Bundesverband Flachglas (Hrsg.): Mehr Energie sparen mit neuen Fenstern. Aktualisierung September 2017 der Studie »Im neuen Licht: Energetische Modernisierung von alten Fenstern«. Frankfurt/Main, Troisdorf: 2017

[66] Wagner, E.: Glasschäden. Oberflächenbeschädigungen, Glasbrüche in Theorie und Praxis. 5. überarb. u. erw. Aufl. Stuttgart: Fraunhofer IRB Verlag, 2020

Stichwortverzeichnis